L'ORIGINE
ANCIENNE
DE
LA PHYSIQUE
NOUVELLE.
TOME II.

L'ORIGINE
ANCIENNE
DE
LA PHYSIQUE
NOUVELLE,

Où l'on voit dans des *Entretiens par Lettres*,

Ce que la Physique Nouvelle a de commun avec l'Ancienne.
Le degré de perfection de la Physique Nouvelle sur l'Ancienne.
Les moyens qui ont amené la Physique à ce point de perfection.

Par le P. REGNAULT, de la Compagnie de Jesus.

TOME III.

A PARIS,

Chez JACQUES CLOUSIER, ruë S. Jacques, au coin de la ruë de la Parcheminerie, à l'Ecu de France.

M. DCC. XXXIV.

TABLE

DES LETTRES

PHILOSOPHIQUES

Contenuës dans le Troisiéme
Tome.

XIX. LETTRE.

EUDOXE A ARISTE.

Tome III.　　　　　　　*a*

R

S

Fin de la Table du Troisiéme Tome.

Errata du Troisiéme Tome.

Page 24. *lig.* 23. pareilles, *lif.* parcelles.
p. 81. *l.* 17. Athenadore, *lif.* Atheno-
dore.
p. 214. *l.* 1. puſſillanime, *lif.* puſillani-
me.
p. 214. *l.* 7. la Loix, *lif.* la Loi.

L'ORIGINE

L'ORIGINE ANCIENNE
DE LA
PHYSIQUE
NOUVELLE.

DIX-NEUVIE'ME LETTRE.
EUDOXE A ARISTE.

*Moyens par où la Physique Nou-
velle est parvenuë au point de
perfection, où elle est. Comment
l'essai, l'examen, & la comparaison des opinions différentes y
ont contribué.*

OUS voulez donc ;
Ariste, que je m'ex-
plique sur les moyens
par lesquels la Physi-
que est parvenuë au degré de

Tome III.   A

perfection, où elle est. J'essayerai de les développer, ces moyens, d'autant plus volontiers, que ce seront presqu'autant d'occasions différentes de vous écrire, & de m'entretenir avec vous.

La Physique a, ce me semble, atteint ce degré de perfection. 1. Par les essais, pour ainsi-dire, par l'examen, par la comparaison des conjectures, des pensées bisarres ou solides, qui pouvoient naître dans l'esprit sur la Nature. 2. Par l'étude de la Nature dans elle-même, plûtôt que dans les Ouvrages des Physiciens. 3. Par la Méthode. 4. Par les instrumens nouveaux, & par les expériences de Méchanique, d'Optique, de Chymie, d'Anatomie, &c. 5. Par l'établissement des Académies, & par l'institution des Journaux, ou des

Mémoires deſtinés à ſervir à l'Hiſtoire des Sciences.

Entrons dans quelque détail.
Il ne faut que des Sens pour
joüir du ſpectacle que la Nature nous donne dans l'Univers.
Mais vous diriez que la Nature
a pris plaiſir à nous cacher les
reſſorts qu'elle fait joüer ſecré-
tement dans le deſſein de nous
le donner , ce ſpectacle. Pour
découvrir ces reſſorts , il faut
eſſayer bien des penſées diverſes , bien des conjectures. Mais
enfin , une conjecture en attire
une autre ; l'eſprit naturellement
curieux & inquiet les multiplie ,
les compare ; la comparaiſon
fait mieux ſentir ce qu'il y a de
foible dans les unes , & de ſolide dans les autres ; & à force
de multiplier & de comparer les
conjectures , on parvient à la vérité. C'eſt ce que les Phyſiciens

A ij

ont fait, comme nous l'obfer-
verons, dans une forte d'Hiftoi-
re abrégée de leurs conjectures,
pour amener la Phyfique au
point où elle eft. Nous y fui-
vrons encore, à peu-près, l'ordre & le Plan des Matiéres que
nous avons déja fuivis deux fois ;
& en allant à notre but, nous
verrons en même-temps & la foi-
bleffe & la force de l'efprit humain.

Voulez-vous, Arifte, que dans
cette vûë, nous égayons un peu
notre Philofophie à faire parler
les Phyficiens après leur mort ?
Nous ne leur ferons dire, pour
le fonds, que ce qu'ils ont dit.
Ils rediront quelques réveries :
mais par leurs réveries, ils donne-
ront quelque jour à la vérité-même. Affemblons-les donc dans l'I-
magination ; tout peut trouver
place dans l'Imagination: ou plûtôt

réünissons-les , comme on a fait plus d'une fois dans les Champs Elisées ; le rendez-vous aura quelque chose de plus engageant , il sera plus riant. Quoique l'Assemblée ne soit qu'imaginaire & Poëtique , elle pourra nous instruire , & nous conduire où nous voulons aller ; la Fable est faite pour faire goûter le vrai. Supposons qu'un Physicien Moderne a prié quelques Modernes, & plusieurs Anciens , de s'expliquer sur les principaux points de Physique.Tous ceux qui viendront se présenter , seront bien reçus ; ils parleront quand ils le jugeront à propos , chacun dans son génie , mais d'une maniére précise , autant qu'il sera nécessaire précisément pour laisser voir son opinion ou sa pensée ; les Morts parlent peu. Les Assemblées en idée sont faites en un inftant, & auffi nombreufes que l'on veut.

Déja, Anaxagore, Anaximandre, Thalés, Phérécyde, Empédocle, Démocrite, Heraclite, Platon, Ariftote, Epicure, Defcartes, &c. font réünis. Déja l'on commence par les principes des corps : mais .... fuppofons plûtòt l'entretien fait : le voici.

ANAXAGORE. Comment développer les Principes des Corps ? Les Corps ont une infinité de principes. (1)

(1) Infinita principia materialia. Origenis Philofophumena, *cap.* 8. de Anaxagora. Anaxagoras .... infinita dicit effe principia. *Ariftot. Duvallii. Tom.* 4. *Metaphyfic. lib.* 1. *cap.* 3. *p.* 265. *D.* (principia dixit) Anaxagoras infinitatem partium fimilium, *ibid cap.* 6. *p.* 273. *D.* Ces parties innombrables & femblables

ANAXIMANDRE. Une infini-
té! Non, ils n'en ont qu'un : mais
il eſt infini ; c'eſt l'infini même,
Tout vient de l'infini , tout va
s'y perdre. (1)

font , ſelon Anaxa- | font formés de pe-
gore , des parties, | tits os ; les inteſ-
par exemple , oſ- | tins , de petits in-
feuſes , des parties | teſtins.
charnuës.&c.Lesos |

» Oſſa videlicet è pauxillis , atque mi-
» nutis
» Oſſibus , ſic & de pauxillis , atque
» minutis
» Viſceribus viſcus gigni . . . .
»Ex aurique putat micis conſiſtere poſſe
» Aurum &c. *Lucr. Lib.* 1. *v.* 835.

(1) Is (Anaxi- | rum infinito aſ- «
mander) infini - | cribit ex quo «
tatem naturæ dixit | omnia fiant, & «
eſſe , ex qua omnia | in quod omnia «
gignerentur. *Cic.* | diſſolvantur. «
quæſt. Acad. lib. 4. | Plutarch. » *de*
» Anaximander ... | *placitis Philoſ. lib.*
» principium re- | 1. *cap.* 3. *Orige-*
A iiij

THALES. L'infini ! Non, c'est
l'Eau , tout vient de l'Eau comme Homére l'a dit (1). En effet,
les Plantes , le Soleil , les Etoi-
les-mêmes , l'Univers entier ,
tout fe nourrit de Vapeurs :
Donc tous les Corps réfultent
d'un feul principe ; & ce principe , c'eft l'Eau (2).

nis *Philofophumena
cap. 6. de Anaxi-
mandro.*
    » (1) Omnium
» entium . . . prin-
» cipium . . . Tha- les . . . . aquam
ait effe. Ariftot.
tom. 4. *Metaphyf.
lib.* 1. *cap.* 3. *p.* 264.
D. E.

» Thales principium rerum effe dixit
    » aquam . . .
Oceanus cunctis præbet primordia rebus.
Plutarch. de placitis Philof. *lib.* 1. *c.* 3.

    (2) *Ibid.* Arif-
tot. *tom.* 4. *Me*-
taphyfic. lib. 1. *cap.*
3. *p.* 265. *C. Ori*- genis *Philofophu*-
mena. *cap.* 1. de
Thalete.

PHE'RE'CIDE. L'Eau ! Non, c'est la Terre.

La Terre est le fonds , d'où l'Univers entier est sorti (1).

ANAXIMENE. La Terre ! Non , c'est l'Air (2).

L'Air est la base de tout, à proportion qu'il s'atténuë , ou qu'il se condense , il se métamorphose en différentes espéces de corps. (3)

» (1) Pherecydes Syrus dicebat terram esse omnium principium « *Sextus Empiricus , p.* 367. *Geneva. in fol.*

(2) Anaximenes autem & Diogenes aërem priorem aquâ , & maximè simplicium corporum principium statuunt. Aristot. *tom.* 4. *Metaphys. lib.* 1. *c.* 3. *p.* 265. C. »Anaximenes principium rerum pronunciavit esse aërem. Plutarch. *de Placitis Philof. lib.* 1. *cap.* 3. » Infinitum aëra » Cic. *Acad. quæst. lib.* 4.

(3) Infinitum aëra esse principium. » *Origenis*

HERACLITE. L'Air ! Non, c'est le Feu. D'abord, il n'y avoit que du Feu : mais une partie du Feu s'étant éteinte, les particules grossiéres se sont unies, & elles ont donné la Terre. Ensuite, une partie de la Terre s'est trouvée dissoute en Eau par l'action de la chaleur ; & l'Eau, qui s'est évaporée, a pris la nature de l'Air : de-là, le Monde, que le Feu doit consumer (1).

ARCHELAÜS. Non, ce qui sert de principe aux Corps, ce n'est ni la Terre précisément,

---

Philosophumena c. 7. de Anaximene.
» (1) Simpli-
» cium corporum
» principium . . . .
» Heraclitus Ephe-
» sius ignem (sta-
» tuit). α *Arist.*
tom. 4. *Metaphysic.*

lib. 1. *p.* 265. C.
Heraclitus ig- α
nem omnium α
esse rerum prin α
cipium (perhi- α
bet). α *Plutarch.*
de placit. Philos.
lib. 1. *cap.* 3.

ni l'Eau , ni l'Air , ni le Feu :

XENOPHANE. Car c'eſt la Terre & l'Eau.

HIPPON. Ou plûtôt l'Eau & le Feu.

OENIPODE. Ou plûtôt le Feu & l'Air (1).

ARCHELAÜS. Ou plûtôt l'Air , l'Eau , & la Terre (2).

ZENON. Ou plûtôt l'aſſorti-ment de ces quatre choſes (3).

» (1) Dicebat eſſe omnium principium & elementum.. Xe-nophanes, aquam & terram. Hip-pon.. Ignem & aquam ; Oenipo-des , ignem & aërem. Sextus Empiricus. *Adv. Mathematicos.* p. 367. de corpore.

Geneva in fol.

(2) Plutarch. de Placit. *Phi-loſ. lib.* 1. *cap.* 3.

(3) Stoïci , terram & aquam & aërem & ig-nem. *Sextus Empir. Adv. Ma-them.* p. 367 *Plu-tarc. de plac. Phil. lib.* 1. *cap.* 3.

EMPEDOCLE. Zenon y fait-il attention ?

La Terre, l'Eau, l'Air & le Feu sont des Elémens, il est vrai, (1) des Corpuscules, qui composent les Corps sensibles ; mais sont-ce des principes ? les Principes n'ont point de Principes : Or, le Feu, l'Air, l'Eau, la Terre ont leurs Principes, & ces Principes sont ceux des Corps sensibles.

ARISTOTE. Platon-même en convient (2). Mais quels

» (1) Elementa, » quæ in materiæ » specie dicuntur, » quatuor esse primus asseruit » (Empedocles) *Aristot. tom.* 4. *Metaphysicorum lib.* 1. *cap.* 4. *p.* 268. *A.* » Empe-» docles corporea elementa quatuor « tuor (ait esse) « terram, aquam « aërem & ignem. « *ibid. tom.* 1. *de gener. & corrupt. lib.* 1. *cap.* 1. *p.* 698. *B.*

(2) Aristoteles ac Plato... differre ab elemento «

font enfin ces principes ?

EMPEDOCLE. La difcorde &
l'amitié, ou l'antipathie & la
fympathie de certaines particules plus déliées encore que les
Elémens, & qui font comme les
Elémens des Elémens (1).

HIPPON. L'antipathie & la
fympathie ! Ces principes-là font
ils bien intelligibles ? Je croyois
que les vrais principesdes Corps
étoient le froid & le chaud (2).

» principium di-
» cunt. *Plutarch.*
de placitis Philof.
lib. 1. *cap.* 2,

(1) Empedocles
» dicit elementa,
» ignem, aërem,
» terram, aquam,
» duo autem prin-
» cipia, amicitiam &
» difcordiam. *Ibid.*
» Ante quatuor e-
» lementa ponit

quædam minutif-«
fima fragmenta, «
tanquam elemen-«
ta elementis prio-«
ra. « *ibid.* 6. 13. «
Univerfi princi- «
pium difcordiam «
ftatuit & amici- «
tiam. « *Orig. Philo-*
fophumena cap. 3«
de Empedocle.

(2) Hippo prin-«
cipia dixit, fri-«

PARMENIDE. Je le croyois aussi (1).

EMPEDOCLE. Oh, oh, le froid & le chaud! Les voilà, les principes intelligibles. Mais que veulent dire Hippon & Parmenide, par le froid & le chaud?

HIPPON. L'Eau & le Feu.

PARMENIDE. Le Feu & la Terre (1).

EMPEDOCLF. Mais on a fait voir, ce semble, que la Terre l'Eau, & le Feu sont des Elémens, non des principes. L'Eau & le Feu! J'aimerois autant que l'on dît, comme un certain Zaratas

» gidum quæ sit a-
» qua & calidum
» quod sit ignis. »
Orig. Philosophu-
mena cap. 14.

(1) Parmenides Calidum & frigi dum principia facit.

Hæc autem appellat ignem & terram. *Ariflot. tom.* I. *Nat. Auscult. lib.* I. *cap.* 6. *de gener.* & *corrupt. l.* 2. *c.* 3. *p.* 729.

Caldéen, que les vrais principes
font la Lumiére & les Ténébres
(1).

PYTHAGORE. La lumiére &
les ténébres, le froid & le chaud,
l'antipathie & la fympathie!On fe
plaît donc à chercher les principes des Corps, dans des Anti-
thefes, dans des jeux de mots qui
ne difent rien, qui n'offrent rien
à l'efprit , & qui ne l'éclairent
nullement ; tandis que je les
vois évidemment, ces principes,
dans les nombres , dans l'égalité
& l'inégalité qui font les Elémens
des nombres (2), dans les me-

» (1) Duas à pri- rum elementa , «
» mordio caufas ef- entium quoque «
» fe , lucem & ca cunctorum ele- «
» liginem. *Orige-* menta (Pythago- «
nis Philofophumena, rici) effe putarunt «
cap. 2. de Pytha totumque cœlum «
gorâ. harmoniam , & «
» (2) Numero- numerum effe.... «

fures, dans les proportions, dans les accords. Auffi, regne-t-il dans l'Univers une harmonie merveil-leufe; & toutes les parties qui le compofent, font enfemble un concert mélodieux, une mufique charmante (1).

DÉMOCRITE. Ah, ah, ah ; Pythagore veut donc que les principes des Corps foient des chofes incorporelles, des chofes fpirituelles (2)? Pour moi, je

» numeri autem elementa, par & impar. Ariftot. (1) Supponens numeros & men-furas adinvenit naturæ fecundam generationem... numeri ex quibus res profeminan-tur... mundum dixit melos cane-re, & cum har-moniâ five con-centu comparatum effe.» orig. Phil. c. 2.

Rerum principia cenfuit (Pythago-ras) effe numeros. Plut. de Phil. plac. lib. 1. cap. 3.

(2) Ex his qui incorporea cen fent principia, Pythagoras qui-dem dixit nu-

croyois

croyois que les nombres , les mesures , & les proportions des parties de l'Univers supposoient les principes. Hé , comment peut-on regarder l'égalité, & l'inégalité des nombres , comme des Principes , ou comme des Elémens ? L'égalité & l'inégalité des nombres supposent les nombres-mêmes. Après tout est-il étonnant que Pythagore , qui étoit Etalide avant le Siége de Troye , Euphorbe au Siége de Troye , & qui fut ensuite successivement Hermotime de Samos , & Pyrrhus de Delos (1), c'est-à-dire, qui vivoit quatre à cinq cens ans avant que d'être , ait des lumiéres que nous n'avons point, & découvre les principes,

>> meros esse omnium principia. *Sect. Empiric. p.* 367. *de corpore. Ge-neva. in fol.*

(1) Orig. Philos. *cap.* 2.

où nous ne les voyons pas ? La musique universelle, qui résulte des nombres , des mesures , des proportions , est quelque chose d'harmonieux, sans doute ; rien de plus touchant : mais à quoi bon cette harmonie charmante ? Ce chant mélodieux , cette musique dont l'Univers entier retentit , personne ne l'entend.

PYTHAGORE. Hé , pourquoi ne l'entendez - vous pas , sinon parce que vous êtes accoûtumé de l'entendre , l'ayant toûjours entendu dès le premier instant de votre vie (1) ? L'habitude rend tout insensible (2).

» (1) Causam manifestus, « *Aristot. tom. 1. de Cœlo lib. 2. cap. 9. p. 653. C.* » hujus , inquiunt » esse, continuò so- » num hunc esse » cum orimur , ut » non sit ad silen » tium contrarium

(2) Scipion entend le Concert des Cieux dans le

DE'MOCRITE. Difons auſſi que l'on ne voit pas le Soleil en plein jour, parce qu'on eſt fait à le voir. Ou plûtôt difons quelque

ſonge célébre de Cicéron. Qu'eſt-ce, dit Scipion enchanté, qu'eſt-ce que cette Harmonie ſi forte & ſi douce, qui vient frapper mes oreilles ! On lui répond que c'eſt l'accord des ſons produits par le mouvement & par l'impulſion des Orbes Céleſtes, dont la ſituation dans des intervalles inégaux, mais proportionnés, forme tout-à-la fois des baſſes & des deſſus ; que le Ciel de la Lune rend un ſon grave & ſourd, tandis que le Ciel des Etoiles rend un ſon vif & animé ; que l'un eſt l'Octave de l'autre ; & que ſi les Hommes n'entendent point cette Harmonie céleſte, c'eſt que l'excès du bruit les a rendus ſourds à cet égard.

A force d'entendre un grand bruit, on peut ceſſer d'y faire attention. Mais dès que l'on s'y rend attentif, on ne laiſſe pas de l'entendre. Le Songe de Scipion

chofe de férieux. Il y a donc deux principes; & ces deux principes ne font autre chofe que les Atomes & le Vuide(1). Epicure &

n'eft qu'un réve: & Ciceron qui le fait réver en Pythagoricien , réve , ce femble , un peu lui-même.

» Quis eft , in-
» quam , quis eft
» qui complet au
» res meas , tantus
» & tam dulcis fo-
» nus ? hic eft , in-
» quit ille , qui in-
» tervallis conjun-
» ctus imparibus ,
» fed tamen pro ra
» tâ portione dif-
» tinctis impulfu &
» motu ipforum
» orbium conficia-
» tur &c. hoc foni-
» tu oppletæ aures

hominum obfur- «
duerunt. » *Cic.*
Somnium Scipionis.
Amftelod. ex Off.
Elzeviriânâ. pag.
230.

(1) Democri- «
tus folidum & «
inane principia «
ftatuit,quorum il- «
lud rationem en- «
tis , hoc vero ra- «
tionem non entis «
habere ait. *Arift.*
tom. 1. *Nat. Auf-*
cult. lib. 1. *cap.* 6.

Leucippus ac e-
jus familiaris De-
mocritus , elemen-
ta quidem plenum
& vacuum efleaïunt
dicentes hoc qui-

Leucipe font, ce me femble, dans ma penfée, ils applaudiffent, du moins, du gefte. Hé, peut-on n'en convenir pas ?

HERACLITE. Les Atomes & le Vuide ! En verité Démocrite peut-il avancer fans rire, ce que je ne puis entendre fans gémir ! Quoi, ce Phyficien que Séneque, dit-on, a fait paffer dans Rome pour le plus fubtil des Grecs, nous donne encore de fens froid, des riens célébres, de vieilles chiméres, pour les vrais principes des chofes ! Car enfin, 1. Les Atomes font des Etres détruits par eux - mêmes, des Etres indivifibles, & divifibles tout à la fois ; indivifibles, puifque ce font des Atômes ; divifibles, puifqu'ils ont des parties ;

dem ens ; hoc verò, non ens, tom. 4. *Metaphyf. lib.* 1. *cap.* 4. *p.* 268. *B. C.*

& qu'il n'y a nulle contradiction, que l'une soit sans l'autre. 2. Le Vuide n'a pas plus de réalité que les Atomes ; le Vuide , dont il s'agit , n'est rien. Le rien est-il un principe ? Le rien n'est bon à rien. Et on nous le donne pour un principe ? O temps ! O mœurs !

DE'MOCRITE. Ce dépit ne doit pas surprendre. Il y a longtemps que dans un transport de zéle pour la vérité , Heraclite a décidé modestement qu'il étoit le seul homme qui fît usage de sa raison, que le reste des hommes étoient livrés à l'ignorance & à l'erreur, qu'il sçavoit tout & que les autres ne sçavoient rien (1). Mais quand Heraclite contredit, ne le fait-il pas de peur de montrer quelque ressemblance avec moi,

(1) Se quidem omnia aïebat, nihil autem scire reliquos. *Orig.* *Philosophumena.* c. 4. *de Heraclito.*

& contre sa pensée? Car enfin, il a reconnu, ce me semble, des pareilles indivisibles (1). Disons comme lui, malgré la raison, qui réclame, qu'il n'y a qu'un principe, & que ce principe est le Feu. Ou plûtôt écoutons le divin Platon, qui fait mine de vouloir parler.

PLATON. Les traits de Satyre répandent peu de jour sur les matiéres de Physique, sur les principes en particulier. Pour moi, je croi qu'il y en a deux, & qu'il n'y en a que deux, la Matiére & la Forme (2).

ARISTOTE. Il y en a bien trois. A la matiére & à la forme, on peut ajoûter la Privation (1). La Privation est un troisiéme

(1) Heraclitus ramenta divisionem non admittentia introducit. *Plutarch. de placi-* | *tis Philosoph. lib. 1. cap. 13.*

(2) Platonis Timæus. Serrani. *t. 3. p. 49. 50. 51.*

principe, si ce qui naît de la matiére, nait au même-temps de la privation : Or, ce qui naît de la matiére, nait au même-temps de la privation. Car enfin ce qui naît de la matiére étoit privé de la forme, qu'il acquiert en naissant: donc il sort, pour ainsi-dire, du sein de la Privation (2) : donc la Privation est un principe. Le raisonnement est triomphant.

DESCARTES. La Privation

» (1) Principia » esse tria . . . Manifestum est, » (materiam , formam , privationem) Aristot. »Duvallii : » *tom.* 1. *Natural. Auscult. lib.* 1. *cap.* 6. » Principia duo. . . » tum tria. « *ibid. cap.* 8. »Tria principia. . . species. . . . privatio . . . ma-« teria » *tom.* 4. *Metaphys. lib.* 14. *cap.* 2. *p.* 473. *D.*

(2) Fit aliquid ex privatione , quæ est per se non ens, cum non insit in eo quod fit. *ibid. Natural. Auscult. lib.* 1. *cap.* 9. *p.* 460. *C.*

n'est

n'eſt rien. Ce qui n'eſt rien, n'eſt pas un principe, le rien, le néant n'a nulle propriété. Donc la privation n'eſt pas un principe. Donc il n'y a que deux principes, comme Platon l'a dit, ſçavoir, la Matiére & la Forme.

ARISTOTE. Il falloit bien que Deſcartes prît garde de paroître donner dans mon opinion. C'eſt beaucoup qu'il approuve celle de Platon. Mais enfin, qu'eſt-ce que la Matiére ?

DESCARTES. C'eſt l'étenduë réelle, l'étenduë diviſible à l'infini.

ARISTOTE. Mais Deſcartes y ſonge-t-il ? Le voilà dans ma penſée (1).

DESCARTES. Mais qu'eſt-ce

» (1) Perſpi- | ſemper dividua. «
» cuum eſt omne | *Ariſtot. Tom. 1. Na-*
» continuum eſſe | *tural. Auſcult. lib.*
» dividuum in | *6. cap. 1. p. 543. C.*

Tome III.   C

qu'Aristote entend par la Forme; par son *Entelecheia* (1) ? Je voudrois que l'orsqu'on parle, on parlât pour être entendu; qu'on ne dît rien, qui ne fût clair, distinct, évident.

ARISTOTE. Si l'on ne sçait pas bien le grec, est-ce ma faute? Quoi qu'il en soit, j'entens par la forme, non pas une certaine figure: l'Eau change de figure, sans changer de forme (2); mais une substance incorporelle, qui sub-

---

» (1) Forma, » quam vocamus » *entelecheïam. Plutarch de placit. Philos. lib.* 1. *cap.* 2. On dit qu'un certain *Hermolaüs-Barbarus* invoqua le Démon pour apprendre de lui la signification de ce mot.

(2) Si in aliam « vertetur figuram, « non ulterius erit « aqua , si ipsa « differebat figura. « Quare patet figuras (elementorum) definitas « non esse. « *Aristot. Duvallii. Tom.* 1. *de cœlo. lib.* 3. *cap.* 8. *p.* 682. *E.*

fiste par elle-même, fans être fépa-
rée de la Matiére , & qui donne
aux chofes, une exiftence fenfible
& déterminée (1).

DESCARTES. Avicenne trou-
ve-t-il cela bien net?

AVICENNE. C'eft la penfée
de Plutarque , ce femble ; &
Plutarque prétend que c'eft la
penfée d'Ariftote. Ariftote veut
dire apparemment que la forme
eft je ne fçai quoi de matériel ,
qui donne à la matiére un certain Etre mort & immobile (2).

» (1) Idea fub-
» ftantia eft corpo-
» ris expers , quæ
» cum per fe fub-
» fiftit , tum for-
» mæ expertem
» materiam infor-
» mat , iifque re-
» bus caufam præ-
» bet , ut exiftant
» ac monftrari pof-
fint. . . . Arifto- «
teles formas at- «
que ideas reli- «
quit, non tamen «
à materiâ fecre- «
tas. « *Plutarch.*
de placitis Philof.
lib. 1. *cap.* 10.

(2) Dicemus «
cum Avicenna , «
quod quædam «

DESCARTES. Voilà la lu-
miére qui commence à diffiper
les ténébres. On fait dire à un
grand homme que la forme eft je
ne fçai quelle fubftance, qui n'eft
point une fubftance , qui fort du
fein de la Matiére fans être de la
Matiére & qui fe détruit, fans s'a-
néantir (1). Mais comme cette
idée eft trop fublime pour moi, je
m'imagine encore que la forme
des corps n'eft que la tiffure particuliére des parties infenfibles.
Cette tiffure particuliére, mettant
de la différence dans les différentes portions de matiére, elle en

» funt formæ à Deo
» impreffæ fuis ma-
» teriis ... quæ tan-
» tum effe quod-
» dam mortuum
» & immobile dant
» eis. Et hæ dicun-
» tur formæ om-
» nino materiales.

Albert. mag. t. 5.
de motib. animal.
Tract. 1. cap. 2. col.
2. Lugduni. 1651.
(1) D. Th. Sum-
ma Philofophiæ.
1ᵃ. 2. p. a. 13. p. 32.
col. 2. Auctore Cof-
mo Alemannio.

fait des Corps divers.

EPICURE. Je l'avois dit, ce semble, deux mille ans, environ, avant Descartes (1).

PLATON. Je l'avois dit avant Epicure (2).

DÉMOCRITE. Je l'avois dit avant Platon.

LEUCIPPE. Et je l'avois dit avant Démocrite (3).

» (1) Nam veluti totâ naturâ dissi-
 » miles sunt
» Inter se genitæ res quæque : ita
 » quamque necesse est
» Dissimili constare figurâ principio-
 » rum.
Lucr. lib. 2. *v.* 720. *&c.*

(2) *Plut. de plac. Phil. l.* 2. *c.* 6. *&c.*

(3) (Democritus) » Solida illa » distinguit situ , » figurâ , ordine. Situ , ut supra , « intra , ante , re- « tro : figurâ , ut « angulis prædi- « tum , angulis « carens , rectum , « circulare « *Arif-*

DESCARTES. Ainsi, l'on se rencontre les uns les autres jusques dans ses propres réflexions.

LE PHYSICIEN MODERNE. Enfin, je vois assez dans la différence des pensées, l'opinion vraie, que je cherche, du moins la plus vrai-semblable. Je m'attache à la Matiere & à la Forme. Voilà, si je ne me trompe, les principes généraux des Corps. La Matiére est naturellement de l'étenduë; la Forme est une certaine tissure, une certaine configuration des parties de l'étenduë. D'où je conclus qu'une certaine portion d'étenduë avec un certain tissu de parties insensibles, fait un

tot. Tom. 1. Nat. Auscult.lib.1.cap.6. » Leucippus verò » ac ejus familiaris » Democritus-.... » differentias tres dicunt, figuram, « ordinem & situm. « Tom.4.ibid.Metaphys. lib. 1. cap. 4. p. 268. B. C.

corps d'une espéce déterminée
(1). Paſſons à quelques propriétés des Corps.

Ce debut ſeul de l'entretien Phi-
loſophique ne ſuffiroit-il point,
Ariſte, pour faire comprendre com-
ment les eſſais de différentes opinions,
& l'examen de ces penſées ont ſervi
dans les derniers ſiécles à amener la
Phyſique au point où elle eſt? Mais
continuons de rapporter l'entretien.
Tout y doit tendre au même but,
en découvrant la différence des opi-
nions & le caractere & le progrès de
l'eſprit.

B E R C L E Y. Avant que
de donner la gêne à l'eſprit ,
pour diſcerner les propriétés diverſes des différentes eſpéces de
Corps, il faudroit être bien ſûr
qu'il y a des Corps. Y en a-t-il?

(1) C'eſt l'opi- | des Modernes.
nion commune |

L'Univers matériel n'eſt-il pas plûtôt une ſcéne d'illuſions ?... Ne voilà-t'il pas nos gravités qui s'éclatent de rire ?

PROTAGORAS. Dans le fond, rien de certain.

NAUSIPHANE. Excepté une choſe, qu'il n'y a rien de certain.

DE'MOCRITE, *en riant*, il eſt certain qu'il y a des petites Maiſons pour ceux qui font des queſtions ou des propoſitions d'une certaine eſpéce. Donc il eſt certain qu'il y a des Corps : donc l'Univers n'eſt pas une ſcéne d'illuſions ; & je gage qu'Heraclite a penſé rire pour la premiére fois.

HERACLITE, *en ſoupirant* : quoi des Phyloſophes-mêmes, des Sages, rire de pareilles folies, & délibérer là-deſſus !

PLATON. Les ris, les ſoupirs, les expreſſions chagrines

ou améres ne prouvent rien en fait de Physique. Faisons parler la raison seule. Apparemment Bercley, qui retranchoit la moitié de lui-même, pour être un pur Esprit, ne bûvoit, ni ne mangeoit sur la Terre.

BERCLEY. Bercley faisoit comme les autres. Il goûtoit les les mets délicieux, les Vins les plus exquis ; il alloit à la Comédie, à l'Opéra.

ARISTOTE. Donc, vous aviez des sens, & par conséquent un Corps.

BERCLEY. La conclusion d'Aristote est un peu précipitée. Tout cela se passoit en idée ; ce n'étoit qu'un jeu de la Nature. Selon certaines loix de la Nature, l'esprit sent les mêmes impressions que s'il y avoit des Corps & que nous en eussions un.

PLATON. Où Bercley puisat-il cette idée ?

BERCLEY. Hé , le Monde intelligible de Platon ne conduit-il point-là ?

PLATON. Le Monde intelligible de Platon n'eſt que l'idée que Dieu a dans lui-même du Monde matériel. Le Monde intelligible de Platon n'exclut donc & n'anéantit nullement le Monde matériel.

ARISTOTE. Dites-le nous franchement, Bercley ; ſur quel principe voulez-vous qu'il n'y ait plus de Corps ?

BERCLEY. C'eſt que cela peut être, que Dieu peut le faire.

ARISTOTE. Cela peut être, Dieu peut le faire : donc Dieu l'a fait, & cela eſt , tandis que les ſens & la raiſon diſent que cela n'eſt pas ! Je me donnai la peine de faire une Logique, il y a plus de deux mille ans ; &

l'on raisonne aujourd'hui de la sorte.

DÉMOCRITE. Il faut l'avoüer; nous avons perdu bien du temps, Heraclite à gémir, moi à rire, Aristote à former le raisonnement.

DESCARTES. N'en perdons plus. L'Auteur de la Nature nous jetteroit dans l'erreur, s'il n'y avoit point de corps, & que nous n'en eussions pas un : car nous concevons clairement & qu'il y a des corps, & que nous en avons un. Or, l'Auteur de la Nature ne peut nous jetter dans l'erreur; infiniment parfait, il est infiniment bon & sage. Donc il y a des corps, & chacun a le sien (1).

LE PHYSICIEN MOD. La

(1) Renati Des-|rum Philosophiæ cartes Principio-|pars 2. n. 1. &c.

raiſon , les ſens , la révélation , tout condamne Bercley ; tout eſt pour les Corps.

Aujourd'hui le plus petit des Corps eſt comme l'Ame des autres. Une matiére plus déliée que l'Air, & qu'on appelle Matiére ſubtile, ſemble animer tout. Que faut il en penſer? On dit que c'eſt l'ouvrage de Deſcartes.

DESCARTES. Je ſuis ravi que la Matiére ſubtile ait fait fortune. Je lui donnai quelque éclat en effet.

ARISTOTE. Mais où Deſcartes l'avoit-il priſe ?

DESCARTES. Où je l'avois priſe ? . . . Dans la Nature.

ARISTOTE. La Matiére ſubtile eſt apparemment cette cinquiéme eſpéce d'Elément que je dévoilois aux yeux d'Alexandre, ce Fluide incorruptible, où l'on voit briller les Aftres (1).

PLATON. Et cette cinquiéme efpéce de Corps, c'eft apparemment, ce que je nommois l'Ether (2). & que d'autre appelloient Matiére fpiritueufe (3).

DESCARTES. Mais votre Ether, vous le placiez au-deflus de l'Atmofphére : & la Matiére fubtile, je l'ai fait defcendre jufques dans le fein de la Terre; j'en ai inondé l'Univers entier.

CHRYSIPPE. Hé n'avois - je pas

---

(1) Illud elementum à quatuor illis diverfum.... divinum ... interitûs expers ... intus cohibentur ... errationis nefcia (Sydera) *Arift.* *Tom.* 1. *de mundo.* *cap.* 2. *p.* 847. C.

(2) Quinque corpora, ignis, aqua, tertium, aër, quartum terra, quintum æther. » *Platonis Timæus. Ficin.* p. 620.

(3) Omnia plena aëre & fpiritu. » *Herm. Trifmeg. Fr. Patricii. lib.* 9. *fol.* 19.

dis que l'Ether étoit répandu par-tout (1) ?

ZENON. Ne l'avois-je pas dit avant Chryfippe ?

HERACLITE. Et ce Feu immenfe dont l'action étoit fi féconde de mon temps (2), n'étoit-ce pas l'Ether que je répandois par tout avant Defcartes ?

DESCARTES. Mais enfin dansl'Ether, dans cette Matiére imperceptible, j'ai découvert de petits Globes pour la Lumiére. Rien de plus propre pour la réflexion, que

» (1) Chryfip- » pus... puriffi- » mam ætheris par- » tem effe vult... » per ea quæ in aëre » funt, perque ani- » mantia , & ftir- » pes... per ipfam » vero terram .... » fufam effe. « *Laërt. Diog. Lib. 7. Zeno. p. 197. Aldobrand. interp.*

(2) Immen-« fus ignis , per « cujus actionem « omnia generen- « tur. « *Philof. Mofaïc. fol. 73. p. 74. col. 2.*

les Globules ; & l'on sçait avec quelle facilité les Rayons qui tombent sur une Glace, réjaillissent. J'ai découvert encore dans l'Ether une Matiére infiniment plus déliée, plus mince que les Globules,& qui prend toutes les figures que je veux, pour remplir tous les Interstices & prévenir le Vuide.

LE PHYSICIEN MOD. La Matiére subtile est trop ancienne & trop utile, pour qu'il soit permis de la méconnoître. Mais le Vuide,le prévient-elle par-tout?

EPICURE. S'il y a des Atômes de différentes figures, il faut qu'il y ait du Vuide dans les Interstices.

DE'MOCRITE. Epicure a raison.

LEUCIPPE. J'en conviens.

ARISTOTE. Mais s'il n'y a point d'Atômes, quelle force a ce raisonnement?

HERACLITE. Or, j'ai démontré qu'il n'y a point d'Atômes.

EMPEDOCLE. Aussi, point de Vuide (1).

ZENON. Pour moi, je reconnois du Vuide hors du Monde, comme les Pythagoriciens, non pas dans le Monde-même.

PLATON. Le Feu disoit, autrefois Timée, pénétre tout, à cause de la ténuité de ses Particules. l'Air pénétre les Elémens, excepté le Feu. l'Eau s'insinuë dans la Terre. Tout est donc plein; point de Vuide (2).

»   (1) Empedocles sic :
» In mundo vacuum nihil est, nihil est
»   quod abundet. *Plutarch. de placitis Philof. lib.* 1. *cap.* 18.

» (2) Ignis igitur ob partium tenuitatem per omnia penetrat : aër item per alia elementa, excepto igne : aqua autem per terram, omnia igitur plena funt, nec va-

Timée

Timée n'avoit-il pas raison ? Hé, à quoi bon les petits Vuides ?

ARISTOTE. Tout au plus à renverser la Nature (1). Point de Vuide, comme le dit Zenon, excepté hors du Monde, afin que le Ciel, qui est une sorte de feu, & toûjours par conséquent échauffé, puisse respirer, selon la pensée des Pythagoriciens (2).

DESCARTES. Non : point de Vuide ni dans le Monde, ni hors du Monde. Je dis plus : Le

» cui quicquam relinquunt. « *Plato. Timæi locri Serran. T. 3. p. 98.*

» (1) Vacuum everteret naturam, inquit Aristot. « *Stobæi Eclogæ. Phyf. p. 38*

» (2) Stoïci cenfuerunt nullum intra mundum esse inane, sed extra mundum esse ; Aristoteles, tantum esse inane extra mundum, ut respirare possit cœlum : esse enim hoc igneum. « *Plutarch. de placitis Philosoph. lib. 1. cap. 18. lib. 2. cap. 9.*

Vuide n'est pas possible. Dans le Vuide, je trouverois une contradiction manifeste, du Vuide sans Vuide, de l'étenduë sans étenduë.

Suppofons que tout l'Air, tout le Fluide d'un Cabinet foit anéanti tout d'un coup, fans qu'il furvienne rien, qui remplace ce Fluide anéanti : qu'y a-t'il, dans ce Cabinet ? Rien, dites-vous. Or, je dis qu'il y a une fubftance qui le remplit parfaitement. Car j'y conçois de l'étenduë : donc il y en a. Qui dit étenduë, dit fubftance. Le Néant, qui n'a nulle propriété, n'a nulle étenduë (1).

(1) Vacuum autem ... in quo nulla fit fubftantia, dari non poffe manifeftum eft, ex eo quod extenfio fpatii, vel loci interni, non differat ab extenfione corporis .... nihili nulla poteft effe

HERACLITE. Pour moi, qui ne fçai point diffimuler, quelque chofe que j'aie pû dire là-deffus, je dirai net qu'il n'y a dans votre Cabinet nulle étenduë réelle ; qu'il n'y a que l'étenduë, que l'Imagination y tranfporte ; & que pour le coup, l'efprit de Defcartes eft la dupe de fon Imagination.

LE PHYSICIEN MOD. Et comme l'Auteur de la Nature peut anéantir l'Air du Cabinet, puifqu'il a créé & qu'il conferve librement ce Fluide ; je conclus que le Vuide, qui n'eft bon à rien, n'exifte pas, il eft vrai, mais qu'il eft poffible. Ce qui me donne quelque inquiétude, c'eft le Mouvement.

ZENON. Un rien vous inquiéte ; car le Mouvement n'eft

_ extenfio &c. _ | pars 2. num. 16. 17.
Ren. Defcartes | 18. 19. &c. Amfte-
principiorum Philof. | lodami. 1692.

D ij

qu'une illusion, qu'une vaine chimére qui nous amuse, & qui trompe l'Univers (1).

THALES, PLATON, EMPEDOCLE, &c. le Mouvement, une chimére !

DE'MOCRITE. Heraclite ne traitera point cette idée-là de folie ; c'est aussi la sienne (2). S'il n'y a point de mouvement, d'où viennent les Vicissitudes des Saisons : S'il n'y a point de mouvement, comment Zenon

» (1) Parmenides, Melissus, Zeno, cum omnia motus expertia esse opinarentur, ortum & interitum porsus negarunt. « *Plutarch. de placitis Philos. lib.* I. *cap.* 19. » Motum non esse dicunt Parmenides & Melissus. » *Sextus Empiricus. adv. Mathematicos. lib.* 9. *de motu p.* 388. *Geneva. in fol.*

(2) Heraclitus motum & statum prorsùm è natura sustulit. « *Plutarch. de placitis Phil. lib.* I. *cap.* 23.

& Héraclite, aussi-bien que Mélissus & Parmenide, s'y sont-ils pris pour dire qu'il n'y en avoit point ?

LE PHYSICIEN MOD. L'Idée singuliére d'Héraclite & de Zénon ne m'empêchera pas de chercher la nature du mouvement.

SE'NEQUE. Le Mouvement est un passage, un transport d'un endroit dans un autre.

ALBERT LE GRAND. Non, le Mouvement est ,, un Acte de ce ,, qui est en puissance, selon qu'il ,, est en puissance (1) ,,.

DESCARTES. La Définition est recherchée, & digne d'Aristote-même. Peut-on sçavoir quelle étoit la pensée d'Aristote , quand

---

,, (1) Motus... *bert. Mag. tom. 2.* ,, actus ejus quod *lib. 3. Physicorum.* ,, est in potentiâ se- *tract. 1. cap. 5. p.* ,, cundùm quod est *115. Lugduni. 1651.* ,, in potentiâ. *Al-*

il difoit que le Mouvement » eſt
» l'Acte d'un être en puiſſance,
» confidéré comme en puiſſan-
» ce? « Il y a là bien du Myſtére.

ARISTOTE. Je voulois dire . . .
Je ne me le rappelle pas bien . . .
Attendez . . Je voulois exercer
un peu la ſagacité des Phyſiciens
à venir.

DESCARTES. Et vous avez réüſſi.

ARISTOTE Defcartes nous dira-
t'il ſa penſée ſur le Mouvement!

DESCARTES. Le mouvement
n'eſt qu'un changement de ſituation. Deux Corps qui étoient
voiſins l'un de l'autre, ceſſent-ils
de l'être? Les voilà tous deux en
mouvement.

ARISTOTE. Le Mouvement
eſt donc réciproque ?

DESCARTES. Sans doute : un
Corps ne peut quitter le voiſi-
nage d'un autre Corps, ſans que

celui-ci quitte le voisinage de celui-là (1).

DÉMOCRITE. C'est-à-dire, que dès que les Ailes du Moulin à Vent tournent, tout le Moulin tourne, l'Univers-même tourne avec le Moulin à Vent.

LE PHYSICIEN MOD. Si l'on ajoûtoit le terme d'Actif à la définition, si l'on définissoit le Mouvement un changement Actif de situation, c'est-à-dire, produit par une force réelle, reçuë dans le Corps, précisément lorsqu'il se meut, l'Objection badine de Démocrite ne s'éva-

---

» (1) Ipsa enim translatio est reciproca, nec potest intelligi corpus AB transferri ex vicinia corporis CD, quin simul etiam intelligatur corpus CD transferri ex viciniâ corporis AB. *Ren. Descartes. Principiorum. Philos. pars 2. n. 29. Amstelod. 1692.*

noüiroit-elle pas ? Mais Defcartes n'a-t'il pas dit quelque part, que le Mouvement eft le paffage du Corps qui fe meut, hors du voifinage de ceux qu'il touche immédiatement ?

Descartes. Je l'ai dit.

Aristote. Cela ne revient-il point affez à ce que j'avois dit, que le lieu confifte dans la furface qui contient un Corps, & qui touche le Corps contenu (1) ?

Le Physicien Mod. Hé, Defcartes ne le difoit-il pas pour dire avec quelque vraifemblance, que la Terre emportée rapidement dans le Tourbillon du Soleil ne tourne pas ?

∞   (1) Locum vocavit... Arif-toteles extremitatem corporis continentis con-tiguam contento. « *Plutarch. de placitis Philof. lib. 1. cap.* 19.

Le

DESCARTES. Cela se peut.

LE PHYS. MOD. Mais pourquoi ne vouliez-vous point que la Terre tournât ?

DESCARTES. La raison en étoit assez bonne.

LE PHYS. MOD. Parlons franchement : La raison, n'étoit-ce pas le triste sort de Galilée, qui s'étoit expliqué sur le mouvement de la Terre un peu trop librement ?

DESCARTES. J'étois en Hollande. Qu'avois-je à craindre ?

LE PHYS. MOD. Hé, n'étoit-ce pas la crainte qui fixoit-là votre séjour ? Ce séjour a fait naître des soupçons, & quelques réflexions malignes. Mais ce n'est pas cela, dont il s'agit. Je vois assez que le mouvement est un transport actif.

EPICURE. Le mouvement suit réguliérement certaines loix,

que j'entrevis autrefois.

DESCARTES. Epicure m'a mis
sur les voies ; & j'ai fixé ces
régles.

LE PHYS. MOD. Je les sçai :
passons à l'usage du mouvement,
& des loix qu'il suit. Considé-
rons-le d'abord dans la Terre ; de
la Terre nous nous éléverons,
jusques aux Cieux.

OECETES. Vous supposez
qu'il n'y a qu'une Terre. Mais
la Terre antipode n'est-elle pas
une Terre distinguée de la
nôtre (1) ?

LE PHYS. MOD. Cette ques-
tion singuliére me rappelle l'idée
de celle d'un Roi de Siam, qui
demandoit sérieusement à des
Mathématiciens Européans, si le

(1) Oecetes Py-
thagoreus statuit
(terras) duas, nos-
tram, & ei oppo-
sitam, quam An-
thicthona vocat.
*Plutarch. de placitis
Phil. lib. 3. cap. 9.*

Soleil d'Europe étoit celui des Indes. Une Terre suffit. Où la placerons-nous ?

XENOPHANE. Je lui fais jetter dans sa partie inférieure de profondes racines, par lesquelles je l'attache à l'infini (1) ; ou plûtôt elle est infinie elle-même (2).

LE PHYS. MOD. Hé, comment le Soleil tourne-t-il donc autour de la Terre ? Et ne respi-

(1) Xenopha- nes ex inferiori parte radices eam (Terram) egisse in infinitam profun- ditatem &c. *Ibid. c. 9. c. 11.* Quidam infinitam inferam terræ partem in- quiunt esse, in in- finitum ipsam ra dicatam esse dicen- tes, ut Xenopha- nes Colophonius dixit. *Ariflot. Du- vallii. tom. 1. de cœlo, lib. 2. cap. 13. p. 660. A.*

(2) Infinitam , nec aëre , nec cœ- lo circumdatam terram &c. *Originis Philofophumena. c. 14.*

E ij

rons-nous pas l'air fur la furface de la Terre?

Thales. Je me fuis conтenté de faire flotter la Terre fur l'Eau, comme une Boule (1).

Aristote. Mais la Terre étant plus péfante que l'Eau, comment la Boule terreftre furnageroit-elle?

Anaximandre. Pour moi, je la fufpens fur rien, également éloignée, dans tous les points de fa furface, de ce qui l'environne (2).

---

(1) Quidam fuper aquam jacere (Terram) dicunt. Hanc...fententiam ...Thaletem Milefium dixiffe ferunt. *Ariftot. tom* 1. *de cœlo, lib.* 2. *cap.* 13. p. 660. *B.* Terram fuper aquam afferebat effe (Thales). *Arift. tom.* 4. *Metaphyf. l.b.* 1. *cap.* 3. p. 264. *E.*

(2) Terram à nulla re fuffultam

LE PHYS. MOD. Laiſſons la ſuſpenduë en l'air. Quelle figure lui donnerons-nous ?

ANAXIMANDRE. Je lui donne la figure d'une Colomne plate de Pierre.

DE'MOCRITE. Moi, celle d'un Diſque creux dans le milieu.

ANAXIMENE. Moi, celle d'une Table platte ſoûtenuë par l'Air inférieur.

LEUCIPPE. Et moi, celle d'un Tambour. Si la Terre étoit un plan, d'où viendroit l'inégalité des jours ? La figure d'un Tambour lui convient admirablement (1).

» pendere , loco ſubſiſtentem ſuo propter æqualem omnium diſtantiam. *Origenis Philoſophumena. c.*

6. *de Anaximandre.*

(1) Dicunt terram inſtructam , Thales .... globi forma; Anaximander, planæ colum-

LE PHYS. MOD. Il me semble, que Neuton, qui n'eſt pas encore ici, lui donne la même figure, à peu-près, en l'applatiſſant par les deux Pôles.

ARISTOTE. Hé, pourquoi ne laiſſer point à la Terre la figure ronde qu'elle a reçuë de la Nature? Car enfin, dans les Eclipſes de Lune, l'ombre de la Terre fait un Arc, en ſe traçant ſur l'Aſtre qui s'éclipſe (1).

PLINE. Et à meſure qu'on avance vers l'Orient, vers l'Oc-

næ lapideæ; Anaximenes , menſæ ; Leucippus , tympani ; Democritus, diſci in ſuperficie , in medio cavam. *Plutarch. de placitis Philoſoph. lib.* 3. *cap.* 10. *Origenis Philoſophumena. c.* 7. *de Anaximene.*

(1) Figuram « (Terræ) rotun- « dam eſſe neceſſe « eſt . . . lunæ nam- « que defectiones « non diviſiones « tales haberent. « *Ariſtot. Duval. t.* 1. *lib.* 2. *de cælo , cap.* 14. *p.* 666. C.

cident , ou vers les Pôles , la Cime des Montagnes baiſſe , les Aſtres & le Pôle ſemblent s'élever , & du haut d'un Mât l'on revoit la Terre & le Port qui venoient de diſparoître (1).

THALES. Je m'étois apperçu ſix cens ans , du moins , avant Pline , que la Terre étoit un globe (2).

LE PHYS. MOD. Ce globe terreſtre , Albert le Grand le faiſoit-il habiter par des Antipodes ?

ALBERT LE GRAND. Sçait-on ce qu'il y a là bas ? On ne

» (1) Orbem » dicimus terræ... » eadem eſt cauſa , » propter quam è » navibus terra » non cernatur , è » navium malis conſpicua. « *Plin. Hard. tom.* 1. 64. 65. *p.* 105. *n.* 5. *p.* 106. *n.* 5. *&c.*

(2) *Plutarch. de Placitis Philoſ. lib.* 3. *cap.* 10.

E iiij

passa jamais la ligne (1).

LE PHYS. MOD. Oh, j'ai vû cent personnes, qui avoient passé la ligne ; cent personnes qui avoient vû les Antipodes, & qui en étoient revenu chargés d'Argent, d'Or, & de Pierreries.

ARISTOTE. J'avois donc raison de dire autrefois dans le Licée d'Athénes, qu'il y avoit des habitans sous nos pieds (2).

» (1) Sicut » compertum est, » nullus unquam » de quartâ nostræ » habitationis po- » tuit transire ul- » trà æquinoctia- » lem ; & ideò » partes ultra æqui- » noctialem sitæ » sunt incognitæ. *Albert. Mag. tom. 2. Meteororum lib.* 2. *tract.* 3. *cap.* 6. *p.* 59. *col.* 1. *Lugduni.* 1651.

(2) Intelli- « gendum igitur « alterum... seg- « mentum quod « sub nobis est, « habitari. à *tom.* 1. *Meteorol. lib.* 2. *cap.* 6. *p.* 793. C.

LE PHYS. MOD. Oüi : mais vous difiez qu'il y avoit des Contrées inhabitables à caufe de la chaleur (1) ; & les Contrées les moins habitables à caufe de la chaleur , fe trouvent habitées.

PLATON. J'avois donc raifon d'avancer, lorfqu'Ariftote venoit écouter mes leçons dans l'Académie, qu'il y avoit des Antipodes (2).

PYTHAGORE. Je l'avois avancé, ce femble , avant Platon.

LE PHYS. MOD. Je fçai que de grands hommes ont traité de fable ce que Platon & Pythagore avoient dit là-deffus (3). Ap-

---

» (1) Hic præ » frigore, illic præ » æftu habitari præ- » terea nequit. « *Ibid. c. 5. p. 792. C.* (2) *Laert. Diog.*

lib. 3. *Plato. p.* 75. *Aldobr. interp.*

(3) Effe au- tem Antipodas nobifque obver- fa veftigia pre-

paremment Lactance n'étoit pas pour les Antipodes, quand il disoit. » Ceux qui croient des » Antipodes, parlent-ils sérieuse-» ment ? Est-il une personne » assez peu sensée pour s'imagi-» ner qu'il se trouve des hom-» mes qui aient les pieds au-des-» sus de la tête (1) ? Non, l'on ne pense pas qu'il y ait des hommes

» me re. « *Laërtius Menagii . . . lib. 8. Pythagoras. p. 508.*

» (1) Quid illi, »qui esse contrarios » vestigiis nostris »Antipodas putant, » num aliquid lo-» quuntur ? aut est » quisquam tam » ineptus, qui cre-» dat esse homines, » quorum vestigia » sunt superiora, » quàm capita ?&c.

Lactant. lib. 3. de falsâ sapientiâ. cap. 23.

S. Augustin regardoit aussi comme une fable ce que l'on disoit des Antipodes. »Quod verò & Antipo-« das esse fabulan-« tur . . . nullâ ra-« tione credendum.« *De Civ. Dei lib.* 16. *cap.* 9.

qui marchent la tête en bas. Auſſi les Antipodes ne vont-ils point de la ſorte : ils ont, comme nous, la tête en haut ; puiſqu'ils l'ont plus près du Zénith que les pieds. L'Eſprit de Lactance fut la dupe des ſens & de l'imagination. L'expérience a fait triompher la vérité.

ARISTOTE. Je ne ſçai ſi l'expérience perſuadera jamais ce que les Egyptiens ont dit, que la Terre eſt un grand Animal, dont les veines ſont arroſées par les Eaux; dont les os ſont les chaines de Montagnes ; dont le Poil ou la chevelure eſt ce que nous appellons les Plantes.

LE PHYS. MOD. L'Animal ſeroit bien vaſte. Car les Mathématiciens de nos jours lui donnent neuf mille lieuës de circuit.

ARISTOTE. Et qu'eſt-ce

que la Terre , eu égard aux Étoiles ?

LE PHYS. MOD. Oh, j'ai vû un des sçavants hommes de l'Europe, lequel donnoit à la Terre autant d'étenduë qu'à tous les Astres ensemble, excepté le Soleil (1).

ARISTOTE. On peut donc être fort sçavant , & ne sçavoir guére d'Optique , ni d'Astronomie.

LE PHYS. MOD. Je vois quel parti je dois prendre sur la figure & sur la grandeur de la Terre. Pénétrons plus avant dans la Terre-même.

KIRCHER. Ne craignez-vous pas le feu Central , & les Réservoirs de feu , que j'ai répandus en mille endroits de la Terre ?

LE PHYS. MOD. Mais à quoi

(1) *Plin. Hard. lib. 2. p. 77. not. 14. tom. 1. Edit. altera.*

bon ce feu Central, & ces Réservoirs de feu ?

KIRCHER. Pour caufer des fermentations dans l'intérieur de la Terre, & pour produire les Sucs, les Métaux, les Pierres, les Plantes, les Feux soûterrains, les Volcans, les tremblemens de Terre, &c.

LE PHYS. MOD. Mais, la Matiére fubtile ne fuffifoit-elle pas ?

DESCARTES. Si la Terre eft réellement une Etoile incruftée, comme elle l'eft dans mon Syftême (1), il faut bien y reconnoître un feu Central.

KIRCHER. La Terre, une Etoile incruftée ! Mais l'Auteur de la Nature n'a-t-il pas dit lui-

______

(1) *Ren. Def- | p. 137. Amftelod. cartes principiorum | 1692. Philof. pars 4. n. 2.*

même que la Terre avoit reçu l'être avant les Aftres?

Descartes. Auffi mon Syftême n'eft-il qu'un Syftême?

Le Phys. Mod. Ne nous échauffons pas, & difons quelque chofe de curieux & de folide qui regarde les Métaux & les Pierres.

Epicure. Les chofes que l'on redoute le plus, font quelquefois les plus utiles; par exemple, à quoi devons-nous les Métaux? A la chûte du Tonnerre, & à l'embrafement des Forêts (1). La violence du Feu, qui fondit

» (1) Quod fupereft, æs atque aurum
   » ferrumque repertum eft,
» Et fimul argenti pondus, plum-
   » bique poteftas ;
» Ignis ubi ingentes fylvas ardore cre-
   » marat
»Montibus in magnis, feu cœli fulmine
   » miffo &c.
Lucr. lib. 5. v. 1241.

par hazard & fit couler le Plomb, l'Airain, le Fer, l'Argent & l'Or, découvrit ces Métaux à nos yeux.

KIRCHER. Mais l'efficace du Tonnerre & de l'embrasement des Forêts ne pénétre point assez avant dans la Terre pour former les Métaux dans son sein. Qu'est-ce qui les y produit? N'est-ce pas le feu Central?

LE PHYS. MOD. Mais pourquoi allumer ce feu tandis que la Matiére subtile, peut y suppléer par les fermentations qu'elle cause?

DE'MOCRITE. Quoi qu'il en soit; les Physiciens Modernes animent-ils aujourd'hui les Pierres, comme je le faisois autrefois?

LE PHYS. MOD. On ne prodigue plus les Ames à ce point-là?

Démocrite. D'où vient donc la sympathie & l'Antipathie de l'Aiman ?

Averroez. C'est une qualité secrete de l'Aiman, une qualité que l'on a raison d'appeller une qualité *Occulte* ; c'est une Vertu tantôt attractive, & tantôt répulsive. Cela n'est-il pas évident?

Descartes. Sans doute. Mais je ne le comprens pas bien. Le Corps est indifférent pour le Mouvement ou le repos. Le Jeu de l'Aiman demande donc une impulsion réelle. Delà je conclus qu'il sort de la Pierre une matiére, qui par une impulsion véritable produit les Mouvemens qu'on attribuë à je ne sçai quels sentimens secrets de sympathie, ou d'antipathie inconnus à la Pierre. Et la Vertu Attractive n'est qu'une ancienne chimére.

Platon. Doucement, Descartes,

cartes, doucement; j'avois observé quelques siécles avant
vous, ce semble, que l'Attraction apparente de l'Aiman est
une véritable impulsion (1).

EPICURE. Et si je ne me
trompe, assez peu de temps
après Platon, j'avois attribué cette impulsion réelle au retour de
l'Air chassé par l'écoulement d'u-
ne Matére magnétique, ou
d'une Matiére déliée qui sort
de l'Aiman (2).

NEUTON, Epicure, Des-

» (1) Electri... rerum investi «
» lapidisve illius, gatori ex his mu- «
» qui Heraclius no- tuis passionibus «
» minatur, revera eventus illi mi- «
» nulla attractio. rabiles contin- «
» Sed cum... hæc s gere videbun- «
» invicem pulsent tur. « *Platonis*
» atque repulsent *Timæus. Ficin. p.*
» diligenti harum 493. *col.* 1.

(2) *Lucr. Lib. 6. v. 1025. &c.*
Tome III. F

cartes, & Platon me permettront peut-être, non-seulement de rétablir la Vertu Attractive, & la Vertu Répulsive dans l'Aiman; mais de la répandre dans tous les Corps de l'Univers. C'est le principe agissant de toute Nature, la cause de tous les Mouvemens (1).

LE PHYS. MOD. Mais cette Vertu sublime & incompréhensible, comment opére-t'elle, & quelle est son Origine?

NEUTON. Je l'ignore, je l'avouë. L'Attraction est une cause que je ne connois point; mais enfin, c'est la cause générale des effets sensibles, des Phénomenes.

DESCARTES. Voilà donc, les Qualités Occultes de retour: les Qualités Occultes étoient

(1) *Optices, lib. 3. p. 315. &c.*

des caufes que l'on ne connoif-
foit point. On dit, qu'en remon-
tant des effets aux caufes, après
avoir diffipé la Matiére fubtile
(1), Neuton eft refté en chemin.

NEUTON. En defcendant
des caufes aux effets avec le
fecours de la Matiére Subtile,
Defcartes n'a-t'il pas fait plus
d'un faux pas?

LE PHYS. MOD Quoi qu'il
en foit, Neuton me permettra
de m'en tenir avec Defcartes à
la Matiére Magnétique, & d'être
un peu Epicurien en ce point,
jufques à ce que les Attractions
foient éclaircies. Les Corps
iroient-ils vers le centre de la

» (1) Philofo- grediamur ad «
» phiæ naturalis... caufas. « *Optices*
» præcipuum... of- *lib. 3. p. 313. 314.*
» ficium & finis, Colligere ex ef- «
» ut ab effectis ra- fectis caufas. «
» tiocinatione pro- *Ibid. p. 347.*

Terre par l'efficace d'une Attraction Secrete ?

NEUTON. Oüi, la vertu Attractive, fait la pesanteur des Corps (1).

EPICURE. Difons plûtôt que la pefanteur eft une propriété effentielle des Corps.

ARISTOTE. Hé, quelle pefanteur ont les Corps qui fe meuvent circulairement (2)? Parlons plus jufte, & difons que la

---

»(1) In aquâ afcendunt quæ telluris gravitate minus funt attracta. α *Optices lib.* 3. *p.* 315. 334. *& c.*

» (2) Corpus quod verfatur impoffibile eft gravitatem, aut levitatem habere. *Arift. tom.* 1. *de cœlo. lib.* 1. *cap.* 3. *p.* 614. *A.* Effe α autem quippiam α fimpliciter grave, α atque fimplicite. α leve perfpicuum. α *Ibid. lib* 4. *c.* 4. *p.* 692. *D.* » Grave ac leve in feipfis mutationis principium habere videntur ». *Ibid. lib.* 4.*cap.* 4. *p.* 690.

légéreté eft une propriété effentielle du Feu, comme la pefanteur eft une propriété effentielle de la Terre, puifque la Flamme monte d'elle-même, comme la Terre & l'Eau defcendent
d'elles-mêmes (1).

PLATON. Non ; les Corps
n'ont d'eux-mêmes ni légéreté,
ni pefanteur. Auffi, les Corps
pefent hors de leur place naturelle ; mais dans leur place
naturelle, ils ne pefent point (2).

ARISTOTE. Je ne vois pas pourquoi tous les Corps, excepté le

» (1) Omnia » præter ignem, » pondus, & levi- » tatem præter ter- » ram habere. » *De cælo, lib. 3. cap.14. p. 692. B.*

» (2) Corpus » eft.... Platoni, » quod neque gra- ve eft fuapte na- tura neque leve, dum fuo proprio eft in loco : cùm verò eft in alieno tum id inclinari, &c. » *Plutarch. de placitis Philof. lib. 1. cap. 12.*

le Feu , ne peſeroient point dans leur ſituation naturelle (1).

ALBERT LE GRAND. Mais qu'eſt-ce qui détermine les Corps à peſer, à tendre vers le centre de la Terre ? Diſons quelque choſe qui ſoit net & précis. C'eſt que chaque choſe tend à ſa perfection, ſe porte vers ce qu'il lui convient , & veut occuper ſa place naturelle. (2)

ARISTOTE. Ajoutons un

» (1) Suo enim in loco gravita- tem habent om- nia , præter ignem. » *Ariſtot. tom.* 1. *de cœlo. lib.* 4. *cap.* 4. *p.* 692. *C.*

» (2) Cùm e- nim unumquod- que moveatur ad perfectionem , quæ convenit ſi- bi , oportet quod mobile ſecun- dùm naturam etiam ad locum quem aptitudine naturæ deſiderat, ſicut ad finem perficientem mo- veatur. « *Albert. Mag. Tom.* 2. *de cœlo, lib.* 4. *tract.* 2. *cap.* 1. *p.* 186. *Lugduni.* 1651.

mot. Les Corps pesans ont quelque penchant pour le centre de la Terre; parce que le centre de la Terre est le centre du Monde (1).

DESCARTES. Mais, 1. est-il bien certain, que le centre de la Terre soit le centre du Monde ? 2. Le penchant des Corps ne subsiste plus, & Lucréce dit avec raison, ce semble, que les Etres ne font point attirés vers leur centre commun, par la violence de je ne sçai quelle inclination pour le centre-même (1). Les Corps n'é-

  » (1) Terræ... ad medium fe- «
» universi... idem ratur necesse esse «
» medium. Quod *Arist. T. 1. de Cælo.*
» omnibus substat, *lib. 4. cap. 4. 693. A.*
  » (2) Haud igitur possunt tali ratione
    » teneri
» Res in concilio , medii cuppedine
    victæ.
Lucr. lib. 1. v. 1080.

tant plus qu'un peu d'étendue modifiée, ils font dans une indifférence parfaite pour tous les endroits imaginables du Monde. s'ils vont vers un centre, c'est qu'ils font pouſſés par une force extérieure.

LE PHYS. MOD. D'où je conclus que la Matiére Subtile eſt la cauſe de la peſanteur; puiſque les Corps peſent dans les endroits-mêmes où il n'y a point d'Air, qui puiſſe les pouſſer en en-bas : comme il arrive lorſqu'on renverſe un Tuyau de 36. pouces, rempli de Mercure.

Mais n'eſt-il pas étonnant que les Corps les plus peſants montent, comme d'eux-mêmes, dans les Pompes Aſpirantes ?

AVERROEZ. Si l'Eau ne montoit point, à meſure que le Piſton monte, il y auroit du Vuide dans la Nature. La Nature a le Vuide.

Vuide en horreur ; & l'horreur du Vuide détermine les Corps à suivre le Piſton. Cela eſt clair.

GALILE'E. Il eſt vrai. Mais à la hauteur de trente-deux pieds, comme je l'ai obſervé, l'horreur ceſſe ; l'Eau ne monte plus ; elle ne ſuit plus le Piſton.

TORICELLE. La Nature ſemble revenir plûtôt de ſa frayeur. Car enfin, ſelon mes obſervations, le Mercure ne monte qu'à la hauteur de vingt-ſept, à vingt-huit Pouces, environ. C'eſt-à-dire, qu'enfin l'Air peſe.

ARISTOTE. L'Air peſoit, ce ſemble, auſſi-bien que la Ter-re & l'Eau, dès le temps où je donnois des Leçons au Conqué-rant de l'Aſie. (1)

____

» (1) Signum inflatum plus «
» cujus eſt, utrem ponderis, quàm «

ZENON. Vous reconnoiſſez deux Elémens peſants, ſçavoir, la Terre & l'Eau : pourquoi n'en pas reconnoître deux légers, ſçavoir, l'Air & le Feu ?

ARISTOTE. Un Phyſicien dit les choſes comme elles ſont.

LE PHYS. MOD. Apparemment Ariſtote donne auſſi quelque ſorte de peſanteur au Feu.

ARISTOTE. Point du tout. Le Feu, qui eſt un excès de chaleur, ne monte-t'il pas delui-même (1)?

» vacuum habere. *Ariſtot. Duvallii. tom.* 1. *de cœlo lib.* 4. *cap.* 4. *p.* 692. *C. Plutarch. de placitis Phil. lib.* 1. *cap.* 12.

(1) Ignis, caloris » eſt exceſſus. *Ariſ-tot. Duval. tom.* 1. *de gener. & corrupt. lib.* 2. *cap.* 3. *p.* 729. Ignis calo- « ris exuperantia. « ibid. *Meteorolog. lib.* 1. *cap.* 3. *p.* 749. Nihil ponderis « habere poteſt. » *ibid. de cœlo lib.* 4. *cap.* 4. *pag.* 692. *E.*

EPICURE. Si le Feu monte, c'eſt que l'air le fait monter. (1)

BOYLE. Que diroit Ariſtote, s'il ſçavoit que j'ai fait un Traité ſur la peſanteur de la Flamme (2) ?

» Suapte natura ad » terminum fertur » univerſi. *ibid. de genere & corrupt. lib. 2. cap. 8. p. 738. B.*

Sextus Empiricus dit que ſelon quelques Phyſiciens le Feu eſt léger de ſa nature, & l'Eau peſante de ſa nature. Ignis, cum ſit na « turâ levis ſurſum « fertur, & aqua cum « ſit gravis natura , « deorſum tendit. » *p. 381. Geneſæ in f. l.*

» (1) Nunc locus eſt, ut opinor , in » his illud quoque rebus
» Confirmare tibi , nullam rem poſſe » ſuâ vi
» Corpoream ſurſum ferri , ſurſumque » meare.
» Nec tibi dent in eo flammarum cor- » pora fraudem,
Lucr. lib. 2. v. 185. &c.

(2) *De Flammæ ponderabilitate.*

ARISTOTE. Je ne dirois pas ce que l'on a dit, il y a long-temps, qu'il n'y a point de sotiſe, qui n'ait été dite par quelque ſage.

DEMONAX (1). En effet, cela ne ſeroit point à ſa place. Et lorſque j'avançois, que le Feu peſoit, je me mocquois avec raiſon de ceux qui ſe rioient de moi.

ARISTOTE. Demonax nous dira donc ſans doute, combien peſent la Flamme & la Fumée d'une Buche de dix livres.

DEMONAX. Peſez les Cendres: & je vous dirai combien la Flamme & la Fumée peſent.

LE PHYS. MOD. A l'Air dont la réponſe eſt reçuë généralement, je la juge également ingénieuſe & ſolide.

Je ne parle, ni de la chaleur;

(1)Philoſophe grec. *Bibl. des Phi-* | loſ. *t.* 1. *p.* 422.

ni du froid. Je sçai qu'on a fait consister la chaleur dans des Esprits calorifiques, & le froid dans des Esprits frigorifiques ; & que l'on a donné tant au froid qu'à la chaleur, je ne sçai quoi de semblable à ce que l'on sent, lorsqu'on dit : » J'ai froid, ou j'ai chaud « Mais quand on y fait attention, l'on n'y trouve guére que du mouvement ou du repos. Et je m'en tiens là.

Mais pourquoi le Feu paroît-il plus chaud l'Hyver que l'Eté ?

ARISTOTE. C'est par Antiperistase.

LE PHYS. MOD. Par Antiperistase ! . .

ARISTOTE. Oüi, par Antiperistase.. C'est-à-dire, parce qu'en Hyver il est environné de son contraire.

LE PHYS. MOD. La raison est solide, sans doute : mais je ne

la comprens pas bien.

Aristote. Hé bien, je dis que le Feu se fait sentir plus chaud l'Hyver que l'Eté, parce qu'en Hyver il se trouve environné d'un Air plus froid.

Le Phys. Mod. Mais pourquoi le Feu qui se trouve environné d'un Air plus froid, en est-il plus chaud? Voilà justement l'état de la Question.

Aristote. Oh, les Physiciens Modernes sont trop inquiets : ils veulent toûjours des idées, il faut toûjours s'expliquer avec eux.

Descartes. L'Air froid & condensé empêche le Feu de se dissiper.

Le Phys. Mod. C'est-à-dire que le Feu se dissipant moins dans un Air froid, qui est plus resserré, conserve plus de sa force, & que cet excès de force le rend plus chaud.

Passons aux Eaux de la Mer. La Mer est un vaste Champ d'opinions différentes.

DE'MOCRITE. La Mer! Y a-t'il encore de l'Eau dans la Mer ?

LE PHYS MOD. Sans doute : Et il y en a, ce semble, encore pour bien du temps.

DE'MOCRITE. Cela me surprend ; il y a plus de deux mille ans qu'elle décroît : elle diminuoit de mon temps.

LE PHYS. MOD. Il n'y paroît guére.

DE'MOCRITE. Ne voit-on pas la Terre où l'on a vû la Mer ?

LE PHYS. MOD. Oüi ; mais aussi l'on voit la Mer où l'on a vû la Terre. La Mer ne paroît quitter un endroit, que pour s'emparer d'un autre.

ARISTOTE. Quoi, Charibde n'a point encore englouti toute

la Mer ? cependant Démocrite avoit annoncé le Phénomene. A parler franchement, la prédiction avoit un peu l'air de conte (1). Mais que pense-t'on maintenant du Flux & du Reflux?

LE PHYS. MOD. Les Sçavans donnent à un Ange le foin de balancer les Eaux de la Mer; & c'eft le Flux & le Reflux.

PLATON. Mais les Phyficiens cherchent la caufe de ce Phéno-

» (1) Qui mare decrefcere ficuti Democritus afferit, tandemque defecturum cenfet ... nihil ab Æfopi fabulis diffentire videtur.. Is.. aquas... ubi forbuerit (Charybdis) terram prorfus exficcatum iri com mentus eft. » *Arift. tom.* 1. *Meteorol. lib.* 2. *cap.* 3. *p.* 780. *D.* » unde fit, ut mare minus reddi afficcatione putent, tandemque fore, ut aliquando prorfus inarefcat. *ibid. c.* 1. 775. *A. ibid. lib.* 1. *cap.* 14. *p.* 772. *C.*

mene dans une impulſion réelle.

LE PHYS. MOD. Quelques Platoniciens ont là-deſſus, une idée qui me réjoüit. La Terre, diſent-ils, eſt un Animal qui reſpire. L'Animal pouſſe ſon haleine ; & c'eſt le Flux : l'Animal retire ſon haleine ; & c'eſt le Reflux. (1)

PLATON. Ces Platoniciens-là n'ont pas bien pris la penſée de Platon. Platon prétend au plus que la Terre a de grands Gouffres qui vomiſſent les Eaux pour le Flux, & abſorbent les Eaux pour le Reflux. (2)

(1) Athenadore trouvoit une forte de reſpiration dans le flux & le reflux quod ſi ut Athenadoro videtur. . . . . Inſpirationis & expirationis ſimile quidpiam habent maris affluxus & refluxus , &c. *Strab. t. 1. lib. 3. Amſtelad.* 1707. *p.* 262.

(2) Ad illum « enim hiatum (Tar-« tarum) & omnes « Fluvii confluunt, « & ex hoc omnes «

LE PHYS. MOD. Mais qu'eſt-ce qui produit dans les gouffres, ce mouvement alternatif?

DE'MOCRITE. J'aimerois autant dire, comme quelques Philoſophes, que le mouvement alternatif de la Mer eſt une eſpéce de fiévre de l'Animal terreſtre, laquelle a ſes accès & ſes redoublemens, cauſés par la fermentation des Exhalaiſons, où des Corps étérogenes, que renferme la Mer dans ſon ſein. Mais quand dirons-nous quelque choſe de ſérieux?

TIME'E. Dès ce moment. Un grand nombre de Fleuves, qui vont ſe jetter dans la Mer Atlantique, enflent ſes Eaux & les

» viciſſim effluunt.. deorſum ... » Pla-
» humidum illud.. tonis Phædo .. Ser-
» extollitur & fluc- ran. t. I. p. 112.
» tuat ſurſum &)

pouffent : Voilà le Flux. Enfuite, les Fleuves fufpendent leur cours pour laiffer revenir les Eaux. Les Eaux reviennent ; diminuent, baiffent ; & c'eft le Reflux.

THOMAS-LYDIATUS. Hé, quand avons-nous vû les fleuves fufpendre leur cours, pour laiffer revenir les Eaux ? les Eaux ne reviennent point, parce que les Fleuves fufpendent leur cours : s'ils le fufpendent, c'eft que les Eaux du Flux l'arrêtent. Pour moi, je crois que ce mouvement alternatif des eaux a fon origine dans de grands Feux de Bitume, qui s'allument par intervalles dans le fond de la Mer, & dont les Exhalaifons ardentes raréfient & gonflent les Eaux par intervalles (1)

(1) Rhodes. | 2. *difp.* 13. 4. 6.
Philof. Perip. lib. | *Sect.* 2. de Mari.

GALILE'E. Se persuadera-t'on que les intervalles des Feux soûterrains soient assez réglés pour produire des mouvemens aussi réguliers que ceux de la Mer? S'il n'étoit pas si dangereux de faire tourner la Terre sur elle - même d'Occident en Orient, les Eaux qui ne tourneroient pas si vîte que la Terre, s'éleveroient sur les Côtes Occidentales; la pesanteur les feroit retomber; l'accélération les éleveroit sur les Côtes Orientales. Ce jeu recommenceroit sans cesse par les mêmes Principes; & nous aurions le Flux & le Reflux.

LE PHYS. MOD. Mais 1. par les mêmes Principes, la Mer Caspienne auroit aussi son Flux & son Reflux. 2. La Marée retarde réguliérement chaque jour; & dans cette Hypothése, nulle cause de retardement.

Un Mathématicien Moderne a sur les Marées une pensée fort ingénieuse. Il suppose dans la Terre un balancement du Sud au Nord & du Nord au Sud. La Terre va-t'elle du Nord au Sud? L'Eau qui va moins vîte, se répand vers le Nord; & c'est le Flux. La Terre est-elle portée du Sud au Nord? L'Eau se répand vers le Sud ; & & c'est le Reflux.

Pline. Mais quel fondement a la seconde Hypothése? Et dans cette Hypothése les retardemens journaliers de la Marée s'expliquent-ils mieux que dans la premiére ? puisque ces retardemens sont de trois quarts-d'heure environ, comme ceux de la Lune, il faut avoir recours à la Lune. La Lune attire la Mer, à peu-près comme l'Aiman attire le Fer, & pour ainsi dire, avec une sorte d'avidité

(1) Les Eaux attirées vers la Lune , se répandent vers les Pôles , jusques à ce que leur pesanteur les raméne vers l'Equateur, après le passage de la Lune.

SCALIGER. Sans doute , la Sympathie de la Lune & de la Mer est un sentiment merveilleux & inexplicable; mais ne suffit-il pas que la Lune cause dans les Eaux inférieures, une raréfaction qui grossisse leur Volume , les fasse couler, & les dirige vers les Pôles?

ARISTOTE. Mais quand la Lune sera sous l'Horison, qu'est-ce qui produira la Marée sur l'Horison ? Pour moi, j'attribuë ce Phénomene aux Vents causés par la

» (1) Ancillante » sidere , trahente- » que secum avido » haustu maria. » *Plin. Harduini tom.* 1. *lib.* 2. *cap.* 97. *editio altera.*

préfence du Soleil , & dont cet Aftre eft accompagné (1)

HERACLITE. Apparamment Ariftote a vû cette penfée dans mes Ecrits. Mais il oublie aifément les Sources où il a puifé.

SELEUCUS. Mais quand le Soleil eft fous l'Horifon, qu'eft-ce qui produit la Marée fur nos Côtes? Pour moi je me trompe, ou le principe du Flux & du Reflux eft un Vent qui regne entre la Lune & la Mer, produit, pour ainfi dire, par la rencontre de la Lune & de la Mer, dirigé par là vers divers endroits,& par là même forcé de tomber & de porter

» (1) Æftum maris Ariftoteles & Heraclitus à fole fieri aïunt, qui plerofque fpiritus moveat, fecumque circumducat; quibus incidentibus propellatur mare Atlanticum. &c. » *Plutarch. de Placitis Philof. lib. 3. cap 17.*

fon action fur les Eaux (1)

DESCARTES. On demande-
ra peut être à Seleucus, à fon
tour, comment cette efpéce de
Vent qui fouffle fur l'Horifon, caufe la marée fous l Horifon. Pour
moi, voici ma penfée : Les mouvemens du Soleil & de la Lune
ont trop de rapport avec ceux
de la Mer, pour que ceux-ci
ne dépendent point de ceux-là.
Le Soleil, la Lune & une forte
de Vent produifent le Flux ; le
Soleil, en preffant la Matiére
éthérée ; la Lune, en la forçant
par fa lenteur, de defcendre &
d'accélérer fa vîteffe. Cette vîteffe accélérée peut paffer pour
une efpéce de Vent, qui preffant
les Eaux fait reculer la Terre,
pour étrécir fous l'Horifon le
Canal de la Matiére Ethérée,

(1) *Pluta ch. de* | *3. cap. 7.*
placitis Philof. lib. |

& produire ainſi le Flux & le Reflux au même-temps & ſur l'Horiſon, & ſous l'Horiſon (1).

LE PHYS. MOD. Je vois le vrai, du moins le plus vrai-ſemblable. Paſſons à l'Origine des Fontaines.

Obſervez-vous, Ariſte, comment à force d'eſſayer diverſes idées, de les comparer, de les réfuter, d'en chercher, d'en ſubſtituer d'autres, ou d'ajouter, on parvient à découvrir enfin ce qu'il y a de vrai, du moins, de plus vrai-ſemblable ! mais l'entretien n'eſt pas fini.

ARISTOTE. L'Origine des Fontaines, c'eſt l'Air condenſé par le froid dans le creux des Montagnes. Car enfin, le froid condenſe l'Air & le change en Eau ſur la ſurface de la

____

(1) Renati Deſ- | *Philoſ. pars* 4. *num.*
cartes *principiorum* | 49.

Tome III.   **H**

Terre ; ne le feroit-il pas dans le sein de la Terre (1) ?

MARIOTE. L'Eau la plus froide est impregnée d'Air, qui ne paroît pas changé en Eau. L'on met le Doigt dans l'extrémité ouverte d'un Tuyau de Verre plein d'Eau : l'on retire un peu le Doigt sans donner accès à l'Air extérieur ; & vous voyez des milliers de Bulle d'Air s'élever du fond de l'Eau froide. L'Origine des Fontaines, n'est-ce pas plûtôt l'Eau de Pluye ?

KIRCHER. L'Eau de Pluye suffit à peine pour nourrir les Plantes. Fourniroit-elle encore

____

» (1) Absurdum fuerit, si quis non putet, eam ob causam ex aëre aquam etiam in terræ visceribus nasci, ob quam supra terram fieri assolet. « *Aristot. Duvallii. tom.* 1. *Meteorol. lib.* 1. *cap.* 13. *p.* 767. C. *cap.* 14. *p.* 772. C.

tant de Riviéres & tant de Fleuves? Apparemment l'horreur du Vuide (1) éleve des Vapeurs Soûterraines jusques au panchant des Côteaux, jusques vers la Cime des Montagnes. De-là , bien des Sources.

ALBERT LE GRAND. L'horreur du Vuide! Dites plûtôt l'Action des chaleurs Soûterraines (2).

LE PHYS. MOD. Cela paroît plus vrai-semblable. Et un Poëte récent que j'ai laissé sur la Terre, & qui ne céde guére au Poëte ancien, qui a si bien décrit les Champs-Elisées, a fait une Peinture fort Naturelle, ce semble, de L'Origine des Fontai-

(1) De arte magnetica. *lib.* 3. *cap* 3. *Experim.* 3. p. 439   (2) Elevantur à calore sub terrâ « concluso ad ostia « fontium. « *tom.* 2. *lib. Meteor. tract.* 2. *cap.* 7.

nes. Je me la rappelle (1):

» Ceu posito velut igne meri
» florumque calentum
» Spiritus ad costas hæret fri-
» gentis aheni,
» In tenuesque fluit guttas ; sic
» abditus imis
» Visceribus terræ residem calor
» igneus undam
» Calfacit, & sursum fumos
» emittit aquosos :
» Qui simul ac gelidi tetigerunt
» concava Montis ,
» Densatus vapor in tenuem se
» colligit imbrem ;
» Saxa madent, circumque va-
» gis flent omnia guttis :
» Unde oritur Rivus, qui Mon-
» tis acerba volutus
» Per latera hinc illinc Venas
» rimatur apertas ,
» Atque humiles juga per de-
» clivia fertur in agros.

(1) Le Pere Vaniere.

Je m'en tiens à cette pensée. Pour les Eaux Minérales, qui font salutaires au Corps humain, je les connois affez , parlons du Corps-même. Il suffira de de l'éfleurer.

EMPEDOCLE. Je ne fçai fi l'on croit ce que nous difions autrefois, que le Soleil vit naître du fein de la Terre, les premiers hommes vers l'Orient & dans les Contrées méridionales , & les premiéres femmes dans les pays Septentrionaux (1) ?

PARMENIDE. N'eft - il pas plus vrai-femblable que la Terre a enfanté celles-ci vers le Sud, &

(1) Empedo-cles caufam calo-ri & frigori af-cribit. Itaque nar-rant primos ho-mines è terra ena-tos ad ortum So-lis & meridiem fitis in partibus extitiffe ferè ma-res , fœminas in feptentrionalibus. *Plutarch de placitis philof. lib. 5. cap. 7.*

ceux-là vers le Nord, à cause de la condensation du Nord & de la raréfaction du Sud (1) ?

ARCHELAÜS. Ou plûtôt faisons naître le genre humain avec les Animaux dans les Zônes tempérées. N'est-il pas naturel d'attribuer sa naissance à l'assortiment & à l'efficace du froid & du chaud (2) ?

PLATON. Ces trois idées sont curieuses, & elles ont leur vraisemblance, à peu près également. Mais j'ai peine à croire que le hazard ait tant d'esprit & d'industrie. Il ne falloit pas moins, ce semble, pour faire un si bel ouvrage qu'une sagesse sans bornes.

» (1) Parmeni- | meridionalibus au-
» des contra , in | tem fœminas. »ibid.
» his extitisse ma- | (2) Origenis
» res , quia plus his | Philosophumena.
» densitatis inest;in | c. 9. de Archelao.

ARISTOTE. Mais enfin, quel endroit du corps prend le premier sa figure propre ? Seroient-ce les Reins, comme le fond du Vaisseau (1) ?

ALCMEON. Ne seroit-ce pas plûtôt la tête, comme la partie principale ? Il y en a qui disent que c'est le nombril ; d'autre, le Cœur, comme la source des Artéres & des Veines ; d'autres enfin le grand doigt du pied (2).

DE'MOCRITE. Oh, certainement je ne lui sçavois pas cette prérogative. Disons plûtôt comment se nourrit à présent le Fœtus? De mon temps c'étoit par la bouche.

ZENON LE STOÏCIEN. De

(1) *Plutarch. de placitis Philos. lib.* 5. *cap.* 17.
(2) Alii magnum pedis digitum. *Plutarch. de placitis Philos. lib.* 5. *cap.* 17.

mon temps c'étoit par le nombril.

ALCMEON. De mon temps, c'étoit par tous les endroits du Corps (1).

PEQUET. La Question n'eſt pas encore tellement éclaircie, qu'il n'y ait là-deſſus diverſes Opinions. Mais comme le Fœtus tient par le Nombril au Sein de la Mere, n'eſt-il pas plus vrai-ſemblable que c'eſt par là qu'il tire les Sucs les plus travaillés, & deſtinés à le nourrir ? On dit qu'autrefois on faiſoit tenir au Chyle, & aux Sucs les plus déliés des Alimens, une route qu'ils ne tiennent plus.

GALIEN. Nous faiſions paſſer le Chyle, des Veines Lactées dans le Foye, & il prenoit dans le Foye, & autour du Foye,

(1) *Ibid. cap.* 16.

les

es qualités du Sang , pour aller
e perfectionner dans le Cœur.
On avoit la même penſée là-
deſſus avant nous (1).

P E Q U E T. Le Chyle va maintenant au Cœur par un chemin plus droit & plus court. J'ai
découvert un Réſervoir , qui reçoit le Chyle immédiatement
des Veines lactées , & un Canal
qui prend le Chyle immédiatement du réſervoir pour le porter
droit dans la Veine ſouclaviére
gauche , qui le rend dans le
Cœur par la Veine - Cave deſ-
cendante.

G A L I E N. Hé, comment avez-
vous découvert ce Réſervoir &
ce Canal ?

P E Q U E T. En diſſéquant des

» (1) Succus is| &c. « Cic. de Nat.
» quo alimur per-| Deorum. lib. 2. p.
» manat ad jecur ,| 222. Cantabrigia.

Chiens. J'ai tant fait de ces Anatomies, que tous les Chiens de Paris croyant que j'en voulois à leur vie, m'aboyoient, comme leur ennemi déclaré, lors même que je ne leur disois mot; & dans ces Animaux, j'ai vû la route que le Chyle tient dans nous-mêmes, pour aller au Cœur. Il faut avoüer que l'Anatomie s'est bien perfectionnée.

ARISTOTE. Mais, ne sçavoit-on pas autrefois, aussi-bien qu'aujourd'hui, que le Cœur a trois ventricules, ou trois cavités, où le sang se rend & de la Veine-cave, & de la grande Artére (1) ?

>> (1) Ex tribus porrò ventriculis qui habentur in corde, qui in medio est, utri- | que extremo communis existit, atque extremi specus sanguinem ab utraque <<

PEQUET. Je ne sçai si lorsqu’Aristote enseignoit la Physique à Athénes, l’on trouvoit dans le Cœur trois cavités, trois Ventricules dont l’un fût au milieu des deux autres : mais il n’y en a plus proprement que deux. Et si le Sang couloit de l’Aorte dans les cavités du Cœur, il a pris une route contraire : car maintenant il se jette de la cavité gauche du Cœur dans l’Aorte, pour circuler.

ARISTOTE. Pour circuler ! Mais les Veines capillaires se retréciffent à un point, que le Sang n’y sçauroit plus couler : donc le Sang ne circule point.

HARVE’E. Aristote ne devoit point connoître la circulation

» vena , majore & | tio illius fit. «
» Aorta, recipiunt. | *De somno & vigilia*
» In medio autem | *cap* 3. *p.* 98. *C.*
» sinu discrimina- |

I ij

du Sang ; puisque je l'ai découverte le premier.

PEQUET. Oh, le premier ! On dit néanmoins qu'Aquapendente la connoissoit avant Harvée ; Fra-paolo, avant Aquapendente ; & André-Césalpin, avant Fra-paolo.

PLATON. L'on pouvoit ajoûter : & Platon avant eux tous.

HARVE'E. Du moins Platon n'avoit pas déterminé, comme Harvée, la route-même du Sang.

ALBERT LE GRAND. C'est apparemment par la circulation que le Sang porte au Cerveau les esprits animaux, dont l'Ame a besoin pour faire joüer la Machine du Corps.

LE PHYS. MOD. Mais l'Ame, où la placerons-nous ?

EMPEDOCLE. Dans le fang. (1).

DIOGENE. Dans le côté gauche du Cœur.

ZENON LE STOÏCIEN. Il y en a qui la mettent dans le côté gauche du Cœur, d'autres dans la Cloifon du Cœur : pour moi, je la mets dans tout le Cœur (2).

PARMENIDE. Quelques-uns la fixent fur la Bafe du Cœur, d'autres dans le Péricarde ; pour moi, je l'étends dans toute la poitrine (3).

EPICURE. Je l'enferme dans le milieu de la poitrine (4).

» (1) Ineffe *cap.* 5.
» (animam) aïunt, Empedocles in fanguinis fub-ftantiâ &c. *Plutarch. de placitis Philofoph.. lib.* 4.

(2) Stoïci.. in univerfo corde &c. « *ibid.*

(3) Parmeni-des in toto pec-tore &c. « *ibid.*

» (4) Dominari in corpore toto

PYTHAGORE. Quelques Modernes l'étendent depuis la poitrine, jufques à la tête : mais fixons la partie vitale de l'Ame autour du Cœur, & la partie raifonnable & fpirituelle, ou la raifon & l'efprit, autour de la tête (1).

STRATON. Fixons plûtôt le Siége de l'efprit entre les fourcils (2).

ERISTRATE. Ou plûtôt au-

» Confilium , quod nos animum , men-
» temque vocamus :
» Idque fitum media regione in pectoris
» hæret.
Lucr. lib. 3. v. 140.

» (1) Pythago- | *de placit. Phil. lib.*
» ras vitalem ani- | 4. *cap.* 5.
» mæ partem circa | (2) Strato in «
» cor , rationem & | fuperciliorum in-«
» mentem circa ca- | tercapidine. » *ibid.*
» put &c. » *Plutarch.*

tour de la Dure-Mere (1).

PLATON. Ou plûtôt, comme Démocrite, dans toute la tête (2).

HEROPHILE. Ou plûtôt dans le fond du Cerveau (3).

LE PHYS. MOD. L'Ame placée dans le fond du cerveau, à l'origine des nerfs, fera couler des esprits animaux dans les nerfs-mêmes, pour l'action du Corps. Le défaut d'esprits ou le repos des esprits fera le Sommeil; & l'abondance & l'agitation des esprits feront la Veille.

ARISTOTE. Mais le sommeil, n'est-ce pas la fuite, ou la réunion de la chaleur en dedans,

(1) Circa membranam cerebri , quam Epicranida nominat. *ibid.*

» (2) Plato & » Democritus in toto capite. « *ibid.*

(3) Herophilus in cavo seu fundo cerebri. « *ibid.*

I iiij

une Antiperiſtaſe naturelle (1)?

LE PHYS. MOD. Oh, je ne ſçavois pas que lorſque je dormois tranquillement, je goûtaſſe les douceurs d'une Antiperiſtaſe profonde. Mais quand on s'éveille, on entend parler, chanter, &c.

EMPEDOCLE. L'air vient frapper le Limaçon qui eſt ſuſpendu comme une clochette, dans l'oreille, & l'on entend (2).

PLATON. L'agitation de l'air

» (1) Apertum eſt ſomnum eſſe coï-tum quemdam, caloris ad intima refugientis, & naturalem Antiperiſtaſin circum obſiſtentiamque. *Ariſt. tom. 2. de ſomno & vig. cap.* 3. p. 97. B.

» (2) Empedocles auditionem fieri dicit, aëre accidente ad auris partem, quæ cochleæ inſtar in gyros contorta, intra aurem ſuſpenſa tintinnabuli inſtar percutiatur. » *Plutarch. de placitis Philoſ. lib.* 4. *cap.* 16.

extérieur fe communique à l'air
qui eft dans la tête; l'air de la tête
frappe le fiége de l'Ame ; & l'A-
me entend (1).

LE PHYS. MOD. Elle flaire,
elle goûte.

ALCMEON. Elle flaire en at-
tirant les odeurs.

DIOGENE. Elle goûte , en at-
tirant les faveurs par le moyen
des nerfs (2).

LE PHYS. MOD. C'eft-à dire
que les impreffions des odeurs
& des faveurs paffent jufqu'au
fiége de l'Ame par l'agitation des
nerfs.

DE'MOCRITE. Les différentes
figures des corpufcules faifant
les impreffions différentes fur les
nerfs , font la différence des
faveurs (3).

(1) *Ibid.*　17. 18.
(2) *Ibid. cap.*　(3) Démocritus

ARISTOTE. Mais 1. il faudroit que le Goût discernât les figures. 2. Les qualités sensibles ont leurs qualités contraires ; & la figure ne paroît point être contraire à la figure. Enfin la multitude des figures est infinie. Il faudroit que celle des saveurs le fût aussi ; ce qui n'est pas possible (1).

LE PHYS. MOD. Qu'est-ce donc que saveur ?

ARISTOTE. Une qualité produite par le sec dans l'humide , & qui produit une impression actuelle dans l'organe du goût (2).

sapores figuris tribuit. *Aristot. tom.* 2. *de sensu & sensili cap.* 4. *p.* 70. *E.*
(1) *Ibid.*
» (2) Sapor est » affectio , quæ à sicco in humore « genita gustatum « qui potestate est, « ad actum demutat.« *tom.* 2. *de sensu & sensili c.* 4. *p.* 69. *C.*

LE PHYS. MOD. C'eft-à-dire que les faveurs, & les qualités fenfibles font des qualités occultes, des qualités inexplicables, qu'Ariftote feul comprend. Il me permettra de m'en tenir à la penfée de Démocrite que je conçois.

Mais avons-nous le yeux ouverts ? Nous voyons les objets colorés. Comment fe fait la vifion ?

HYPARQUE. Des rayons étendus depuis les deux yeux jufques à l'objet, le faififfent par leurs extrémités, comme par autant de mains, pour l'offrir à la vûë (1).

———————

» (1) Hyparchus radios ait ab utroque oculo porrectos extremitatibus fuis tanquam mani- bus apprehendere corpora extra oculos pofita. « *Plutarch. de placit. Philof. lib.* 4. *cap.* 13.

EMPEDOCLE. L'Oeil est tout de feu. La lumiére qui sort de l'œil, comme d'une lanterne, nous découvre les objets (1).

CHRYSIPPE. Oüi, des rayons de feu sortent des yeux (2).

ARISTOTE. On verroit la nuit, & l'on ne voit point.

EPICURE. La lumiére entre dans les yeux, elle n'en sort pas. Il y en a qui croient que les yeux ne sont que les fenêtres, ou les lunettes de l'esprit : pour moi je suis persuadé que les yeux-mêmes voient ; mais c'est quand les images corporelles, qui sont

(1) Si oculus constaret ex igni, ut Empedocli placet & in Timæo scriptum est, accideretque videre egrediente veluti è laternâ lumine, cur non etiam in tenebris aspectus videret ? *Arist. tom. 2. de sensu & sensili cap. 2. p. 62. D.*

(2) *Plutarch. de plac. Phil. lib. 4. cap. 15.*

détachées de la furface des objets colorés , viennent frapper les yeux (1). Nous voyons - nous dans une Glace ? C'eft que des images détachées & parties de la furface de notre Corps , vont frapper la Glace qui la renvoie à nos yeux (2).

DE'MOCRITE. Auffi , dans le Vuide, où rien n'arrêteroit l'écoulement & le tranfport des images , verrions - nous mieux les objets colorés. La vûë iroit juf-

_____

» · (1) hæc quoniam fiunt, tenuis
    » quoque debet imago
» Ab rebus mitti fummo de corpore
    » earum, *Lucr. lib. 4. v. 61.*

_____

» (2) Democri- | 13. Imaginum «
» tus , Epicurus | fubfiftentiâ, quæ «
» imaginum infer- | à nobis ferantur «
» tione putarunt | & circumagitatio «
» nos videre.«*Plu-* | ne fubfiftane in «
tarch. de placitis | fpeculo.« *ibid. cap.*
Philof. lib. 4. cap. | 14.

ques dans le Ciel difcerner une Fourmy , l'objet le plus mince (1).

LE PHYS. MOD. La matiére ne connoît pas : donc les yeux ne voient point. Et comment les Corps fuffiroient - ils à fournir tant d'images corporelles ? Dans le Vuide, rien ne frapperoit les yeux : donc nous n'y verrions rien.

DESCARTES. Nous ne voyons en effet , que parce que la lumiére , qui eſt un corps déliéc , fait une impreſſion ſur nos ſens.

ARISTOTE. Defcartes ne fe trompe t'il pas ! La lumiére n'eſt

(1) Non enim ſcitè hoc inquit Democritus, pu- tans ſi id quod eſt interjectum , fie- ret inane, exqui- ſitè viſum iri , etiamſi formica in cœlo effet. *Ariſt. tom. 2. de anima, lib. 2. cap. 7. p. 31. C.*

ni un Corps ni le mouvement
d'un Corps (1) : mais c'eſt une
certaine eſſence, un certain être,
un acte d'une certaine nature
tranſparente en tant que tranſparente (2). Ce n'eſt point un Feu :
mais la préſence d'un Feu, ou de
quelque choſe de ſemblable dans
un milieu tranſparent. Rien de
plus clair que la Lumiére.

» (1) Lumen nec eſt ignis, nec omnino corpus , nec effluxio corporis alicujus *Ariſt de anima. lib. 2. cap. 30. D.*

» Lumen eſſentia quædam , & non motio exiſtit. *de ſenſu & ſenſili. cap. 5. p. 77. D.*

(2) Lumen eſt hujus actus, nimirum » perlucidi , quatenus per lucidum... eſt ignis vel talis cujuſpiam præſentia in eo quod eſt perlucidum. » *de anima. lib. 2. c. 7. p. 30. B. D.*

Corporis ignei præſentia in perſpicuo lumen eſt *de ſenſu & ſenſili. c. 3. p. 65. C.*

Le Phys. Mod. Il est vrai : mais la nature de la Lumiére est bien obscure, ce semble.

Descartes. La Lumiére blesse : donc la Lumiére est un Corps.

Le Phys. Mod. Quelques-uns disent que la Lumiére est un mouvement de vibration, un mouvement alternatif de la Matiére éthérée, dont l'action, qui passe jusqu'au siége de l'esprit, nous découvre les objets colorés : ce qui me paroît plus naturel. Si je demandois comment à la faveur de la Lumiére, nous discernons les objets, Lucréce diroit peut-être encore que des images détachées de la surface des Corps, viennent les représenter à nos yeux (1):mais enfin,

(1) Rerum simulachra. . . . .
Quæ quasi membranæ summo
com-

comment les Corps ſuffiroient-
ils a fournir tant d'images?

Allons aux couleurs. Les Couleurs ſont-elles quelque choſe de
bien éclairci ?

PLATON. Les couleurs ſont
une flamme qui jaillit de la ſurface des Corps , & dont les
parties ont quelque proportion
avec la vûë (1).

DESCARTES. Cette flamme
là n'éclaire pas mon eſprit. Les
couleurs ſont les rayons différemment modifiés.

ZENON LE STOÏCIEN. Les
couleurs conſiſtent dans la tiſ-

    » de corpore rerum
» Decerptæ volitant ultro citroque per
   »auras. *Lucr. lib.* 4. *v.* 34.

» (1) Colores | portione reſpon- «
» eſſe dixit Plato | deant viſui. » *Plut.*
» flammam à cor- | *de plac. lib.* 1. *cap.*
» pore emicantem, | 15.
» cujus partes pro- |

Tome III.   K

sure, dans la configuration des parties insensibles de la surface des objets colorés (1).

DESCARTES. C'est-à-dire, que la différente tissure des surfaces, modifie les rayons différemment ; & les rayons différemment modifiés sont les couleurs-mêmes.

ARISTOTE. Il n'y auroit plus de couleurs la nuit ; & il y en a. La Terre, l'Eau, l'Air sont blancs d'eux-mêmes, il y a des Corps qui sont noirs d'eux-mêmes. (2)

» (1) Zeno Stoïcus colores primam materiæ figurationem esse dixit. » *Plutarch. de placitis Phil. lib.* 1. *cap.* 15.

» (2) Veteres, qui de natura disseruerunt, hoc non rectè dixerunt existimantes nihil esse album aut nigrum sine aspectu, nec esse saporem sine gustu. » *Aristot. tom.* 2. *de animâ lib.* 3.

DESCARTES. Il faut convenir franchement que le Poëte Virgile rencontra mieux là-dessus, que le Prince des Philosophes : *Rebus nox abstulit atra colorem* (1).

NEUTON. Mais dans la pensée de Descartes, le même rayon différemment modifié donneroit différentes couleurs ; ce qu'il ne fait pas.

MARIOTTE. Il l'a fait entre mes mains. Un rayon rouge a pris deux autres couleurs, sçavoir, le Bleu & le Violet ; un rayon violet en a pris deux autres aussi, sçavoir, le Jaune & le Rouge.

LE PHYS. MOD. Je vois assez ce qu'il faut penser là-dessus.

cap. 1. *p.* 43. *E.* *de colorib. cap.* 1. *p.* 793. *A. C.*

(1) *Æneid. lib.* 6. *v.* 272.

La transparence nous laisse voir les couleurs à travers certains Corps.

ARISTOTE. La transparence est une nature commune, une faculté, une puissance inséparable, il est vrai ; mais qui se trouve plus ou moins dans l'Eau, dans l'Air, & dans d'autres Corps. (1)

LE PHYS. MOD. Cette nature commune, cette faculté, cette puissance inséparable a bien l'air d'une de ces qualités qu'on appelle qualités occultes. Il y en a qui disent que la transparence consiste dans des pores

(1) Quod perspicuitatem nuncupamus... est facultas quædam & natura communis, quæ separabilis quidem non est : sed in illis est atque cæteris corporibus, aliis plus, aliis minus inest. *De sensu & sensili.* c. 3. p. 65. C.

droits & percés en tous sens. Il y a là moins de myſtére ; & je m'attache à ce que je conçois,

Les réflexions que nous avons faites ſur ce qui regarde le Corps humain, nous conduiſent naturellement aux Animaux.

ARISTOTE. Les Animaux viennent, ce me ſemble, les uns de ſemence ; les autres, du ſein de la corruption-même.

ARCHELAÜS. La bouë & la terre nous donnent du moins des inſectes.

LE PHYS. MOD. Je ne ſçai ſi c'eſt ſur ce principe que l'on a dit que les Abeilles alloient recueillir ſur les fleurs de petites Abeilles. Mais croirons-nous que le hazard ſoit aſſez habile pour faire des chef-d'œuvres ſi fort au-deſſus de la ſageſſe humaine ?

PLATON. Je ne le pense pas. Pour moi, je m'imagine que les Animaux, du moins qu'un grand nombre d'Animaux doivent leur origine à des hommes dégradés, faute de goût pour la Philosophie. (1)

LE PHYS. MOD. Il faut avoüer que Platon dit là des choses admirables avec une grace merveilleuse. Je ne suis point étonné qu'on ait surpris sur ses levres un Essain d'Abeilles, qui s'y reposoient doucement.

PLATON. Il faut que l'Essain se soit reposé bien doucement sur mes lévres : car je ne

» (1) Gressibilium verò ferarum genus ex his natum hominibus, qui à Philosophià penitus alieni ad cœlestia nunquam oculos erexerunt. » *Platonis timæus. Ficini. p. 497. col 1.*

m'étois point apperçu de cet événement si célébre, & qui m'a fait tant d'honneur.

PLINE. Je parle de ce fait singulier dans mon Histoire naturelle.

LE PHYS. MOD. Vous y dites aussi, ce me semble, que vous avez vû un Hippocentaure. (1) Ce fait est-il certain comme le premier?

PLINE. Je ne m'en souviens pas bien.

LE PHYS. MOD. Pour la Remore, vous lui donnez la force d'arrêter le meilleur Voilier, lors même qu'il est emporté par l'effort de la plus furieuse tempête ; & vous dites avec beaucoup d'éloquence, qu'un très-

---

» (1) Hippo-centaurum.... al-latum...ex Ægyp-to in melle vidi-mus. » *Plin. Hard,* tom. 1. *lib. cap.* 3. p. 375. *n.* 10.

petit poisson, qui arrête le Vaisseau, brave, en se joüant, toute la fureur de la Mer, & de l'Univers (1). Mais où trouvez-vous dans la Mer, un point fixe, d'où le petit animal puisse faire effort & tenir contre l'action du Vaisseau ?

Pline. J'ai fait une Histoire. Un Historien ne garantit pas tous les faits.

Le Phys. Mod. On n'éxige point cela de vous, comme l'on n'éxigera pas d'Albert le Grand qu'il garantisse ce qu'il a dit, qu'Averroëz avoit vû un Belier faire plusieurs tours, se

» (1) Unus ac parvus admodum pisciculus, Echeneis appellatus, . . . cogit stare navigia, . . . infrænat impetus, & domat mundi rabiem nullo suo labore. » *Plin. Hard. tom. 2. lib. 32. cap. 1. p. 572. num. 10.*

promener

promener, aller çà & là, quoi-qu'il eût la tête coupée (1).

AVERROEZ. Moi ! l'on me fait parler.

ARISTOTE. Seroit-il étonnant que l'on mît sur le compte d'Averroëz quelque chose qu'il n'eût pas dit ? Il m'en a tant fait dire, à quoi je n'avois jamais pensé.

LE PHYS. MOD. Point d'écart : les Bêtes ne seroient-elles que de pures machines ?

DESCARTES. J'ai essayé de le persuader ; ais-je réüssi ?

LE PHYS. MOD. Guére. Le croyiez-vous, vous-même ?

» (I) Cum ab » Averroe jam vi- » sus sit aries qui » abscisso capi- » te sæpius ambu- » lavit huc & illuc. *Albert. Mag. tom. 2. lib. 7. Physicorum tract. 1. cap. 2. p. 291. text. 4. col. 2.*

Tome III. L

DESCARTES. La pensée étoit neuve.

GOMES PEREYRA. Ouï, de mon temps.

ZENON. De votre temps! il y a plus de deux mille ans que c'étoit la pensée de quelques Philosophes.

PYTHAGORE. Et ce qu'il y a de surprenant, c'est que tandis que l'on convient assez généralement que j'ai fait passer l'Ame des Hommes dans les Bêtes pour les animer, un Auteur moderne veut, dit-on, que j'aie réduit les bêtes à n'être que de pures Machines (1).

(1) Les Animaux, selon Pythagore, étoient véritablement comme la Statue de Venus... qui privée de raison & d'intelligence, se mouvoit par le moyen du Mercure, dont ses organes étoient remplis. Ce Philosophe n'étoit

ARISTOTE. Pour moi, je croi qu'il y a quelques Animaux, qui n'ont nulle connoiſſance, comme les Coquillages: Mais la plûpart des Animaux en ont ; il y en a même qui ont de la raiſon (1).

DÉMOCRITE. Je donne de la raiſon à des Animaux, mais c'eſt aux Animaux céleſtes (2).

ANAXAGORE. Tous les Animaux en ont (3).

« donc pas éloigné » de les croire de » pures Machines. *La Vie de Pythagore par M. Dacier. Tom. 1. p. 90.*

»(1) Nam & in » his dici animalia » ratione prædita. *Plut. de Placitis Philoſ. lib. 5. cap.* 20. » Non vi- » detur mens, quæ » ſecundùm pru-

dentiam dicitur, « æquè cunctis in- « eſſe animalibus. « *Ariſt. t. 2. de Anima. l. 1. c. 2. p. 5. C.*

(2) Democritus, Epicurus, cœleſtibus (animalibus) rationem tribuunt. *de plac. Phil l. 5. c. 20.*

(3) Omnia animalia habere mentem. *ibid.*

Platon. Ils en ont tous ; mais ils ne sçauroient en faire usage à cause de la disposition des Organes (1).

Le Phys. Mod. Quoi donner aux Animaux la raison en partage !

Albert le Grand. C'en est trop ; & Socrate fit bien de la leur refuser. L'on n'observe nullement dans la conduite des Bêtes , le progrès dont la raison est capable. Le ressort qui produit leurs mouvemens, comme le dit Hermès, ce n'est que le plaisir & la douleur. En effet, les Bêtes n'ont qu'une Ame tirée du sein de la Matiére (2).

(1) Ob incommodum corporum temperamentum. *ibid.*

(2) Nos jam in 16. libro animalium ostendimus omnes animas præter rationalem educi de materiâ. *Albert. Mag. tom. 5. de naturâ & orig.*

LE PHYS. MOD. Une Ame tirée de la Matiére connoîtroit-elle, auroit-elle des sentimens de douleur ou de plaisir ? Ce seroit faire trop d'honneur à la Matiére, ce me semble, que de la croire susceptible de connoissance & de pareils sentimens. Il y a des Philosophes qui regardent l'Ame des Bêtes, comme une substance, qui n'est ni Matiére, ni esprit, qui ne peut avoir que des connoissances sensibles ; sans raison, sans liberté ; inutile après la mort ; destinée par conséquent à retourner dans le néant. N'est-ce pas l'opinion la plus vrai semblable ? . . . . . Vous paroissez en convenir.

Un Auteur Moderne a préten-

anima. tract. 2. cap. | Lugduni.
2. p. 212. col. I. |

L iij.

du (1) que les Animaux ne mouroient point, qu'ils perdoient leurs parties groſſiéres, quand ils ſemblent mourir : mais que cette mort apparente ne faiſoit que les réduire à une petiteſſe inſenſible (2).

KIRCHER. Ces petits Animaux vivants après leur mort étoient-ils faits, pour être la baſe d'un Syſtême durable ?

LE PHYS. MOD. Non : auſſi n'a-t'il pas fait fortune. Mais il eſt bon de hazarder une fois de

(1) Selon M. Leibnitz, Dieu a créé dès le commencement du Monde, les formes de tous les corps, & par conſéquent toutes les ames des Bêtes ; & quand le corps ſenſible ſe détruit, l'Animal ſubſiſte réduit à une petiteſſe inſenſible.

(2) Syſtême nouveau de la Nature. *Journ. des Sçavans* 1695. p. 297. *Bayle Rorarius* p. 449. *col.* 1.

pareils Systêmes, afin qu'on ne soit plus tenté de le faire dans la suite. Les Plantes attirent notre attention.

PLATON. Hé, les Plantes ne sont-elles pas encore des espéces d'Animaux? Elles vivent; elles ont un Corps & une Ame. Elles n'ont point de raison : mais elles ont leurs panchants (1). En un mot, ce sont de vrais Animaux attachés à la Terre par des racines (2).

ARISTOTE. Les Plantes ! Mais les Plantes ne sont pas des Animaux (3).

(1) Arbitratus est ... Plato .. appetitu solum illas (plantas) duci. *Aristot tom.* 4. *de Plantis lib.* 1. *cap.* 1. *p.* 490. *C.*

(2) Animalia radicibus connexa. *Platonis Epinomis. Ficini. p.* 620. *col.* 2.

(3) Animal « tamen non est « (planta) quæ « sensum non ha- «

PLATON. J'ai dit que les Plantes étoient des Animaux : il falloit bien qu'Aristote dît le contraire.

EPICURE. Hé, les Plantes ont-elles une Ame (1)?

PLATON. Thalès alla jusques à donner une Ame à la Pierre d'Aiman (2). Peut-on en refuser une aux Plantes? Pour moi, je soûtiens hardiment avec Empedocle (3)

» bet. *De plantis. lib.* I. *cap.* I. *p.* 493. *A.*

» (1) Stoïci & » Epicurei animam » iis derogant. *Plut. de placit. Phil. lib.* 5. *cap.* 26.

» (2) Thales... » dixit lapidem il- » lum habere ani- » mam, quia fer- » rum movet. » *Arist...* Aristote-

les & Hippias « aïunt inanimis « etiam illum ani- « mas impartire , « idipsum ex lapi- « de magnete & « electro conjicien- « tem. » *Diog. Laërt. Thales.*

(3.) Plato, Em- « pedocles , ftir- « pes quoque ani- « mâ præditas esse, « & in animalium

& Pythagore que les Plantes ont une ame,& que ce font de vrais Animaux. Car enfin, vous leur voyez branler la tête ; & fi vous leur faites violence pour plier leurs branches, vous leur voyez reprendre d'elles - mêmes leur premiére attitude, leur contenance ordinaire ; ouï, la plus groffe fouche eft un Animal. Et lorfqu'on dit de tel homme, que c'eft une fouche , ce n'eft pas le dégrader au point qu'on le penfe.

ARISTOTE. Les Plantes vivent ; j'en conviens : mais ce ne

» numero cenfent : rectitudinem. «
» eo argumento , *ibid.* Plato , A- «
» quod & nutent , naxagoras & De- «
» & ramos habeant mocritus putant «
» directos, qui in- plantas animalia «
» flexi fi remittan- effe terreftria. «
» tur , fuum repe- *Plut. quæft.nat. ini-*
» tant locum & *tio.*

font point de vrais Animaux.
Peut-on fe réfoudre à dire que
les Plantes aient du fentiment
(1) ?

LE PHYS. MOD. Je connois
un Phyficien récent, qui con-
fent que l'on donne aux Plantes une ame fenfitive. » Qui fçait,
» dit-il, fi les Plantes, pofé qu'el-
» les ne fuffent pas attachées à la
» Terre, & qu'elles euffent l'u-
» fage des pieds, & les organes
» de la voix, ne tâcheroient pas
» d'éviter en fe retirant, le mal
» que l'on leur voudroit faire, &
» fi elles ne poufferoient pas des
» cris & des plaintes, lorfque
» l'on leur en feroit (2) ?

» (1) (Plan- fenfuque, & «
» tas) Ariftote- quædam porro «
» les vivere dicit, ratione prædita «
» animalia effe ne- fint ». *ibid.*
» gat, quod ani- (2) Ainfi parle M.
» malia appetitu Konig, après M.

ANAXAGORE. Je dis plus : non-feulement les Plantes ont du fentiment ; mais elles ont de l'efprit & de la connoiffance, & leurs momens de trifteffe & de joie, comme nous (1) En effet, à la chûte des feüilles, ne voyez-vous point dans les Plantes un air de langueur & de trifteffe ? Au contraire, quand le Prin-

Rhedi. Repub. des lett. T. 10. P. 1046. » (1) Anaxago- ras quoque, De- mocritus.... & Empedocles mentem quoque & cognitionem eis (plantis) in- effe affirmarunt. *Arift. de plantis* c. I. p. 491. » Anaxa- goras itaque & Empedocles de- fiderio eas, (plan- ras) duci aïunt, « fentire item, ac « triftitia volupta- « teque affici affir « mant. Et Anaxa- « goras quidem « animalia ipfa effe, « ac voluptate ac « dolore moveri « docuit è folio- « rum defluvio, & « ex incremento « illud colligens. « *Arift. ibid.* c. I. p. 490. T. 4.

temps ranime la Nature, que les Plantes croiſſent, & qu'on voit éclore les Fleurs ; n'eſt-ce pas un air de joie & de gaieté, qui ſe répand par-tout (1) ?

ARISTOTE. Tranchez le mot ; & dites net que les Plantes ſont des hommes attachés par les cheveux à la Terre. Comme les Platoniciens ont dit que les hom-

(1) Les Manichéens, ſelon S. Auguſtin, donnoient aux Arbres une Ame raiſonnable ; & à les entendre, couper un Arbre, c'étoit dégager l'Ame des liens, qui la tenoient enchaînée & malheureuſe.

» Anima namque » illa, quam ratio- » nalem ineſſe arboribus arbitramini in arbore exciſâ vinculo ſolvitur, (vos enim hoc dicitis) & eo quidem vinculo, in quo magnâ miſeriâ, nulla utilitate tenebatur. *De moribus Manichæorum lib. 2. n. 1. Edit. Pariſ. apud Guil. Merlin.*

nes étoient des Plantes renver-
sées.

PLINE. J'ai donc eu raison de dire que certains Arbres beu-voient du Vin. L'expression étoit, ce semble, à sa place, & aussi juste, à peu-près, que celle des Stoïciens qui disoient que les Plantes veillent & dorment tour-à-tour.

ARISTOTE. J'aurois cru jusqu'à présent que faire dormir ou veiller les Plantes, c'étoit du moins rêver. Mais, de grace, où sont dans les Plantes, les organes des sens, & quel signe de connoissance, quelle marque de passions vous ont donné les plus grands & les plus beaux chênes des Forêts ? Les avez - vous vû marcher, avancer, reculer, rechercher, fuïr (1)?

» (1) Exactè dé- | » que dormire
» prendimus ne- | » plantas, neque

LE PHYS. MOD. La réflexion d'Aristote me paroît bonne. Laissons dormir les Plantes ; & élevons notre esprit jusques aux Météores. Mais vainement nous en parlerions. Je sçai qu'on a toûjours parlé sur la plûpart des Météores, à peu près, comme aujourd'hui.

LUCRE'CE. Quand la Foudre tombant de nuage en nuage, y rencontre beaucoup d'eau, l'Eau l'étouffe avec un grand bruit. Ainsi le Fer qui sort tout rouge de la Fournaise & que l'on plonge dans l'Eau froide, fait retentir l'air (1). Autrefois je m'ex-

« vigilare. » *Arist.* | que partem quæ «
tom. 4. *de plant. c.* | sentiat . . . neque«
2. *p* 493. E. « neque | morum localem «
« sensum in his de- | &c. » *ibid. c.* 1. *p*
« prendimus , ne- | 491.

« (1) Fit quoque , uti è nube in
nubem vis incidit ardens

pliquois de la sorte après Epicure.

LE PHYS. MOD. Et j'ai vû des Physiciens récents s'expliquer de la sorte après vous.

PLINE. De mon temps, l'on faisoit tomber la foudre tantôt de la Planete de Mars, tantôt de celle de Jupiter, quelquefois de Saturne-même ; & je le faisois comme les autres.

LE PHYS. MOD. Oh, la Foudre ne vient plus de tant de millions de lieuës. Ce n'est plus qu'une exhalaison terrestre, allumée tout-à-coup dans une

» Fulminis ; hæc multo si forte humore
    » recepit
» Ignem , continuò magno clamore
    » trucidet :
» Ut calidis candens ferrum è fornaci-
    » bus olim
» Stridit, ubi in gelidum properè de-
    » mersimus imbrem.

Lucr. l. 6. v. 144.

nuée voisine. Les Planetes sont trop éloignées pour nous foudroyer. Autrefois, l'on faisoit venir aussi de Mars des esprits guerriers, & de Saturne des esprits froids, mélancoliques, ennuyeux : mais depuis que les Physiciens Modernes ont reculé les Planetes, ces esprits ne sont plus de saison.

PLATON. J'observois volontiers les Planetes, ces vastes Animaux des Cieux.

DESCARTES. Ces Animaux !

PLATON. Ouï, ces Animaux; tous les Astres ne sont-ils pas des Animaux célestes ? Le Monde-même n'est que le plus grand des Animaux.

DESCARTES. Platon auroit-il observé quelques traces de sens, quelque figure d'Animaux, quelques traits de connoissance dans

dans les Aftres ! Pour moi, je ne l'ai pas fait.

ANAXIMANDRE. Je ne regarde pas les Aftres, comme des Animaux, mais comme autant de Dieux (1).

DÉMOCRITE. La Lune eft donc une Déeffe.

PYTHAGORE. C'eft une grande Déeffe, qui nourrit dans fon fein des Animaux quinze fois plus grands que les Animaux terreftres, & bien plus beaux (2).

» (1) Anaximan » der ftellas cœlef- » tes deos (ftatuit). *Plutarch. de plac. Phil. lib. 1. cap. 7.*

» (2) Pytha- » gorei aïunt ter- » reftrem videri » (lunam) quia fi- » cut & noftra ter- ra, circumhabi- tatur.. à majori- bus quidem & pulchrioribus a- nimalibus, quin- decies noftrorum quantitatem con- tinentibus. » *ibid. lib. 2. cap. 30.*

Le Phys. Mod. Avoit-on mis des habitans jusques dans la Lune, avant Hugens?

Xenophane. Oh, vraiment ; les Villes nombreuses que j'y avois bâties, & les habitans dont je les avois peuplées, étoient anciens, il y a deux mille ans (1).

Zenon. Ces Villes peuplées, sont, ce semble, des édifices en l'air ; & je ne vois pas bien avec quelles Lunettes Pythagore a discerné si juste les degrés de grandeur & de perfection dans les Animaux lunaires. Hé, sur quels principes nous dira-t-on deformais que les phases de la Lune viennent d'un feu, qui s'allume à la Nouvelle

» (1) Habitari
» ait Xenophanes
» in Lunâ, eam-
» que esse terram
multarum ur-
bium, & mon-
tium. » *Cic. Acad. quæst. lib. 2.*

Lune, pour aller toûjours en augmentant, de la Nouvelle-Lune à la Pleine-Lune, & qui va toûjours en s'affoiblissant de la Pleine-Lune à la Nouvelle-Lune, où il s'éteint, pour se rallumer bientôt après (1) ? Comment les Animaux Lunaires échapperoient-ils d'un incendie si général & si régulier ? Mais enfin, la Lune a, ce semble, quelque intelligence du moins.

ANAXAGORE. Quelle intelligence peut avoir un Corps solide & ignée (2) !

THALE'S. Un Corps ignée ! La Lune est une terre à-peu-près, comme celle-ci.

EMPEDOCLE. Aussi, ne brille-t-elle que d'une lumiére empruntée, & qu'à proportion quel-

(1) *Plut. de pla-* | *cap.* 29.
citis. Phil. lib. 2. | (2) *Ibid.* c. 25.

M ij

le reçoit les rayons du Soleil.
(1).

ANAXIMANDRE. La Lune
a cependant sa lumiére propre. (2)

THALE'S. Hé, d'où lui
vient donc l'obscurité de son
décours ?

ANTIPHO. Du Soleil-mê-
me. C'est que la lumiére du Soleil qui s'approche de la Lune ,
obscurcit la lumiére de la Lune-
même. Une lumiére excessive
fait disparoître une foible lumiére (3).

GALILE'E. Si le Soleil ré-

» (1) Relinqui-
» tur ergo Empe-
» doclis senten-
» tiam esse veram
» nempe reflexione
» luminis solaris ad
» Lunam, hîc ab il-
» la res illuminari.
*Plut. de facie in
orbe. Lunæ. p. 929.*

tom. 2. *Xylandro*
interp.

(2) Anaximan- «
der tradit eam «
(lunam) pro- «
prium habere «
lumen sed rarius. «
Plut. de plac. Phil.
l. 1. c. 28.

(3) *ibid.*

pand sur la Lune une plus grande lumiére, je ne conçois pas bien comment la Lune paroît se couvrir de ténébres. La Lune a, du moins, son Atmosphére, comme la Terre.

HERACLITE. Aussi j'ai dit qu'elle étoit enveloppée d'une espéce de nuage (1).

LE PHYS. MOD. Cependant selon les observations récentes, une Planete qui va se cacher derriére la Lune, ne change ni de couleur, ni de grandeur apparente, comme elle feroit, si les rayons réfléchis par la Planete éclipsée traversoient l'Atmosphére de la Lune.

DÉMOCRITE. Il faut lui donner, du moins, des Montagnes & des Vallées pour offrir

______

(1) Caliginosâ *ibid.* nube contentam.

à nos yeux des taches, & des ombres variées (1).

HERACLITE. Hé, n'est-il pas évident qu'elle a des espéces de Vallées, puisqu'elle est figurée en Chaloupe (2) ?

THALE'S. Figurée en Chaloupe ! C'est néanmoins une Sphére à la simple vûë.

GALILE'E. Et c'est un Globe au Télescope-même.

ARISTOTE. Si la Lune n'étoit point un Globe, le Soleil, qui s'éclipse, ou qui se plonge dans l'ombre de la Lune, offriroit-il à nos yeux une figure concave (3) ?

(1) *Plut. de placitis. Philos. lib.* 2. *cap.* 25.

(2) Scaphæ (forma). *ibid. cap.* 24. 27.

» (3) Luna . . .

rotunda . . . non « enim sol cum de- « ficit , concavus « eâ ex parte , quâ « deficit , videre- « tur. » *t.* 1. *de cælo l.* 2. *c.* 11. *p.* 655. B.

PARMENIDE. Oüi, la Lune est un Globe égal au Soleil, à-peu-près ; du moins, plus grand que la Terre.

ANAXIMANDRE. Dix-neuf fois plus grand. (1).

ARISTOTE. Parmenide & Anaximandre ne veulent-ils pas dire plus petit que la Terre (2) ? Car enfin , l'ombre de la Terre , qui va en diminuant , contient plusieurs fois le Diamétre de la Lune , puisque la Lune éclipsée reste des heures entiéres dans l'ombre.

EPICURE. Pour moi, je croi que le Globe de la Lune n'est pas plus grand qu'il ne paroît. (3).

(1) *Stobæi Eclog. Phys. p. 59.* (2) *Stobæi Eclog. Phis. p. 59.*

» (3) Quidquid id est, nihilo fertur
» majore figura ,

KIRCHER. L'Optique démontre le contraire: La distance diminuë la grandeur apparente des objets. Ce petit Globe peut avoir plus de 700. lieuës de Diamétre; & il a des Lacs, des Mers, un Feu central.

LE PHYS. MOD. Si le Globe de la Lune avoit des Lacs, des Mers, n'auroit-il pas son Atmosphére ? Et ce Feu central, quel éclat a-t-il jetté jusqu'ici ?

Je conçois que la Lune est un Globe terrestre inégal dans sa surface, qui renvoyant différemment les rayons du Soleil, selon sa situation différente,& la différence de ses parties, a des phases & des taches diverses. Nous rappellerons-nous le Soleil ?

» Quàm, nostris oculis quam cernimus, esse videtur,
Lucr. lib. 5. *v.* 576.

XENOPHANE.

XENOPHANE. Le Soleil ! L'expreſſion eſt-elle éxacte ? Car enfin , je croi qu'il faut en reconnoître pluſieurs pour les différentes Zônes, & les Climats divers (1).

LE PHYS. MOD. J'ai vû des perſonnes qui avoient été du Couchant à l'Orient , du Nord au Sud , dans toutes les Zônes, ou preſque dans toutes les Zônes , ſans y voir d'autre Soleil, que le Soleil que nous avons vû , vous & moi. Mais enfin , qu'eſt-ce que ce Soleil , qui éclaire toutes les Zônes , tous les Climats de la Terre ?

PHILOLAüS. C'eſt un Miroir de verre , qui renvoie juſques à

____

» (1) Multos menta & Zonas. «
» eſſe Soles , mul- &c. « *Plutarch. de*
» tas Lunas ſecun- *placitis Philoſ. lib.*
» dùm terræ diver- *2. cap. 24.*
» ſa climata ſeg-

Tome III.   N

nos yeux la lumiére qu'il reçoit du Feu répandu dans l'Univers (1).

ANAXAGORE. Quelques-uns difent que c'eft une maffe d'or fondu : mais ce n'eft qu'une pierre ardente & embrafée (2).

ARISTOTE. Anaxagore voudroit-il donc que le Soleil fût un feu réel ? Le Soleil échauffe, il eft vrai, par l'action de fon mouvement circulaire fur la Matiére Ethérée : mais ce n'eft point un feu véritable. La Matiére du Ciel & des Aftres eft la même; elle n'eft point ignée. C'eft la Matiére Ethérée. Point de feu dans la Matiére Ethérée. Auffi le Soleil paroît-il blanc; il n'a point la couleur du feu. (3).

(1) *Plutarch. de plac. Phil. l. 2. c. 20.*
» (2) Anaxago » ras, maffam aut » lapidem igni can- » dentem &c. *ibid.*
Origenis Philofophumena, cap. 8. de Anaxagora.
(3) Superus locus nec cali- dus, ... nec igni-

ZENON. C'eſt un feu animé, c'eſt un feu ſorti du ſein de la Mer, (1). Auſſi le Soleil ſe nourrit-il des Eaux ſalées de la Mer, comme la Lune ſe nourrit des Eaux douces des Lacs & des Fleuves. (2).

CLEANTE. En effet, comme

» tus .... ad hæc ſol candidus apparet, non igneus. *Ariſt. t. 1. Meteorol. l. 1. cap.* 3. *p.* 750. *D. E.* » Cœli ſiderumque ſubſtantiam appellamus ætherem, non quod ignita flagret ut aliqui cenſuerunt, ſed quod ſemper currat. De mundo cap. 2. *p.* 847. » ſuperorum corporum unumquodque fertur in ſphærâ, ut ipſa quidem non igniantur, ſed aër &c. » *De cœlo. l.* 2. *c.* 7. *p.* 650. *D.*

(1) Stoïci incendium .... è mari. » *Plutarch. de plac. Phil. l.* 2. *c.* 20. *Laërt. Menagii, l.* 7. *Zeno. p.* 456. (2) Nutriri.. ſolem quidem ex mari magno ; lunam verò ex potabilibus undis. » *Diog. Laërt. l.* 7. *Zeno. p.* 456. *menag. t.* 1. » ali

N ij

le Soleil eſt un Animal, il faut qu'il ſe nourriſſe, pour vivre (1).

LE PHYS. MOD. Le Soleil, un Animal !

CLEANTE. Oüi, le Soleil eſt un Animal. Et je le démontre : Le Soleil eſt un Corps ignée, puiſqu'il échauffe, & qu'il brûle même quelquefois. Le feu du Soleil reſſemble au feu ordinaire dont nous faiſons uſage, ou bien au feu qui fait la chaleur naturelle & entretient la vie dans les Animaux. Le feu du Soleil n'eſt pas un feu de l'eſpéce du feu ordinaire. Car celui-ci conſume

---

» ſolem, lunam, » reliqua aſtra, » aquis alia dulci- » bus, alia mari- » nis cotta contra » Stoïcum diſſerens *Cic. l. 3. de Nat. Deorum.*

(1) Ergo (inquit Cleanthes) cùm ſol igneus ſit, Oceanique alatur humoribus &c. » *Cic. de nat. deor. lib. 2. p. 134. Cantabrigia.*

& diffipe tout, tandis que ce-lui-là vivifie, nourrit, donne l'accroiffement. Donc le feu du Soleil eft un feu vital, un feu vivifiant, tel que celui des Ani-maux : Donc le Soleil eft un Ani-mal (1). Le raifonnement n'eft-il pas fans réplique ?

LE PHYS. MOD. Pas tout-à-fait. 1. Les Corps que le Soleil vivifie, nourrit & fait croître, approchez-les auffi près du So-leil, que du feu ordinaire, dont nous faifons ufage : & vous ver-

» (1) Hîc nof-ter ignis... eft... confumptor om-nium (inquit Cleanthes).cunc-ta difturbat ac diffipat. Contra il-le (fol) vitalis & falutaris, om-nia confervat, alit, auget &c.... quare cum folis ignis, fimilis eorum ignium fit, qui funt in-corporibus ani-mantum, folem quoque animan-tem effe oportet &c. » *Cic. de Nat. Deor. lib. 2. p. 135. Cantabrigiæ.*

N iij

rez si celui-là ne les consumera pas, comme celui-ci. De votre aveu même, le feu du Soleil brûle quelquefois tandis que nous sommes à vingt ou trente millions de lieuës de lui, que seroit-ce si nous étions à quelques pas de lui ? 2. L'on fait des Fournaux sous des parterres. Dans ces Fournaux on entretient pendant l'Hyver un Feu continuel, modéré, & à certains degrés. Une chaleur bénigne se répand, se concentre dans la Terre supérieure. Cette chaleur conserve, nourrit, & fait croître les Plantes malgré la rigueur de l'Hyver. Que dis-je ? Pendant l'Hyver on met sur le bord d'une Cheminée des espéces de Caraffes de Verre pleines d'Eau. Sur l'orifice de ces Caraffes on met des Oignons de Tulippe, de Renoncule, ou d'Anemône : & vous voyez les Fleurs éclorre au fort de l'Hyver. Le Feu qui fait naître ces Fleurs n'eſt pas un Animal apparemment. Il n'eſt donc pas néceſſaire que le Soleil ſoit un Animal, pour répandre ſur la Terre une chaleur bien - faiſante , & qui ſemble animer l'Univers.

CLEANTE. Mais enfin , pourquoi le Soleil ne ſort-il point des Tropiques? N'eſt-ce pas pour ne s'éloigner point de la Mer, qui le nourrit (1) ?

LE PHYS. MOD. La Lune & le Soleil ſont un peu trop éloignés , ce ſemble , pour faire

» (1) Eamque cauſam Cleanthes affert, cur ſe ſol referat, nec longius progrediatur Solſtitiali orbe, itemque brumali , ne longius diſcedat à cibo. Cic. de Naturâ Deorum lib. 3.

venir de si loin de quoi se rafraichir & se nourrir. D'ailleurs le Soleil, qui est un million de fois plus grand que la Terre, n'auroit-il pas bû & absorbé toute la Mer du premier coup, sans être desaltéré ?

ANAXIMANDRE. Hé, depuis quand l'Eau produit-elle tant de Feu ? car enfin, le Soleil est un feu pur.

DESCARTES. Et le Feu le plus pur ; car c'est un Globe de Matiére subtile.

ARISTOTE. J'avois dit, que le Soleil étoit un Globe de Matiére éthérée, ou d'une cinquiéme essence (1). Descartes s'est servi d'une expression nouvelle.

XENOPHANE. L'expression

» (1) Globus | *Plutarch. de plac.*
» è quinta essentiâ. | *Phil. l. 2. c. 22.*

n'eſt pas tout-à-fait juſte. Le Soleil eſt un nuage enflammé. (1)

THALE'S. Un Nuage enflammé ne dure pas des milliers de Siécles ; c'eſt une Terre.

EPICURE. Mais une Terre impregnée de Feu.

DE'MOCRITE. Ou plûtôt un rocher embraſé (2).

LE PHYS. MOD. C'eſt-à dire que le Soleil eſt un amas de Matiére ſubtile, & de Matiére branchuë & plus groſſiére , emportée rapidement par l'action violente de la Matiére ſubtile.

LEUCIPPE. Cet amas de Matiére eſt embraſé par l'ardeur des Aſtres qui l'environnent.

ANAXIMANDRE. Les Aſtres,

(1) Solem dixit. Xenophanes . . nubem ignitam *ibid.* c. 20.

» (2) Maſſam aut lapidem igni « candentem. » *Plutarch. de placitis Philoſ. lib. 2. cap.* 20.

qui l'environnent, brûlent indépendamment de lui : pourquoi ne brûleroit-il pas indépendamment d'eux ? Ce Feu céleste se trouve justement vis-à-vis d'un trou, qui ressemble, à peu-près, à celui du moyeu d'une Rouë ; & l'éclat qui passe par l'orifice de la Rouë, vient nous éclairer (1).

LE PHYS. MOD. Oh, je ne m'attendois pas à ce trou céleste. Il faut que le trou de la Rouë soit bien grand, pour nous laisser voir tout le disque du Soleil ?

HERACLITE. Hé , le Soleil

(1) Solem dixit esse circulum.. orbitâ præditum , qualis ferè est rotis curruum , ignis plenâ. qui quadam ex parte ejus effulgeat per orificium , tanquam per fistulæ foramen , eumque ; ignem esse solem. *ibid.*

a-il plus d'un pied de Diamétre (1)?

EPICURE. Il est précisément aussi grand que nous le voyons, ou à peu-près. Pourquoi le faire plus grand qu'il ne paroît à nos yeux, & qu'il ne se montre lui-même?

DÉMOCRITE. En ce point, Epicure & moi, nous ne pensons plus de même. Le Soleil est grand, tout petit qu'il semble aux yeux (2).

ARISTOTE. Un Physicien

» (1) Latitudine » vestigii humani. *ibid. c. 21.*

» (2) Sol democrito magnus vi- » detur, quippe » homini erudito, » in geometriaque » perfecto. Hic » (Epicuro) bipe- » dalis fortasse. tantum enim esse « censet, quantus « videtur. Quem ta- « men Heraclitus « pedis humani la- « titudine definie- « bat. » *Cic. lib. 1. de finibus. Plutarch. de placitis Philos. lib. 2. cap. 21.*

auſſi pénétrant qu'Epicure s'imagineroit-il que les Aſtres ſont ſi petits, parce qu'ils paroiſſent tels (1) ? comme ſi la diſtance ne diminuoit pas la grandeur apparente des objets!

ANAXAGORE. Quelle erreur! Le Soleil eſt grand, comme le Péloponeſe (2).

ANAXIMANDRE. Quelle erreur! Le Soleil eſt grand, comme la Terre (3).

ARISTOTE. Oh, le Soleil

(1) Eſt animi perquam ſimplicis putare, ſingula quæ motu cientur, ideò puſilla eſſe magnitudine, quod nobis aſpicientibus appareant ejuſmodi. *Ariſt. Meteorolog. lib.* 1. *cap.* 3. *p.* 748. *A.*

(2) Anaxagoras.. ad peloponeſum proportione ſolem eſſe...ait. *Plutarch de placit. Phil. lib.* 2. *cap.* 21.

(3) Anaximander, ſolem terræ æqualem eſſe &c. *Plutarch. de placitis Philoſ. lib.* 2. *cap.* 21.

eſt plus grand que la Terre (1).

PLATON. L'on ſera ſurpris peut-être de voir Ariſtote dans la penſée de Platon. Oüi, je démontre que le Soleil eſt plus grand que la Terre (2).

SENEQUE. La raiſon le démontre. Mais la vûë diminuë ces objets en dépit de la raiſon (3).

THALES. Dites que le Soleil eſt beaucoup plus grand que la Terre, puiſqu'il eſt ſix cens

---

(1) Perſuaſum eſt eum (ſolem) eſſe orbe terrarum majorem. *Ariſtot. tom. 2. de anima lib. 3. cap. 47. E.*

(2) Sufficientibus demonſtrationibus oſtenditur. *Platonis Epinomis, vel Philoſophus. Ficin. 621. col. 1.*

(7) Hunc quem toto orbe terrarum majorem probat ratio, acies noſtra ſic contraxit, ut ſapientes viri pedalem eſſe contenderint. » *Senec natural. quaſt. lib. 1. cap. 3.*

vingt fois plus grand que la Lune (1).

KIRCHER. Dites mille fois
plus grand que la Terre (2).

CASSINI. Ou plûtôt un million de fois. Car enfin , il faut
que le Soleil soit à trente-trois
millions de lieuës de nous , environ ; puisqu'on lui trouve à
peine dix secondes de parallaxe.

LE PHYS. MOD. On dit
à présent que les Etoiles sont
autant de Soleils. D'où leur vient
leur éclat ?

MÉTRODORE. De l'éclat du
Soleil-même (3).

(1) (Thales) primus solem sex-centies ac vigesies majorem quam Lunam, affirmavit. *Laërt. Diog. lib.* 1. *Thales. p.* 6. *D. Aldobr. interpr.*

(2) Iter extatic. Kirch. *itiner.* 1. *p.* 198.

(3) Illustrari omnes stellas fixas à sole, ab eo-que suum lumen accipere, Metro-

PHILOLAÜS. C'eſt-à-dire , que les Etoiles ſont autant d'eſ-péces de Miroirs ſuſpendus à la voute des Cieux , & qui réfléchiſ-ſent juſques à nos yeux la Lu-miére du Soleil.

DE'MOCRITE. Que de Mi-roirs dans la Voie lactée ! Car enfin, ce n'eſt qu'un amas de pe-tites Etoiles (1). La nuit com-me le Soleil eſt ſous l'Horiſon , l'interpoſition de la Terre em-pêche le Soleil de voir ces Etoi-les , & d'affoiblir leur éclat par l'excès de ſa Lumiére ; la Lu-miére des Etoiles qui ſont à l'abri des rayons du Soleil , fait

» dorus dixit. *Plu-tarch. de placitis. Phil. lib. 2. cap. 7.*

» (1) Viam Lac-team dixit) De-mocritus ſplen-doris collectio-nem à multis, his-que parvis & con-tinentibus Stellis collucentibus pro-fecti. » *ibid. lib. 3. cap. 1.*

la Voie lactée (1).

ARISTOTE. Le Soleil eſt plus grand que la Terre, & la diſtance des Etoiles à la Terre eſt beaucoup plus grande que celle du Soleil. Donc les rayons du Soleil, qui environnent la Terre, pendant la nuit, ſe réüniſſent entre la Terre & les Etoiles : donc l'ombre de la Terre ne s'étend pas juſqu'aux Etoiles : donc l'interpoſition de la Terre n'empêche pas le Soleil de voir les Etoiles (2).

»)1) Quibus » cùmque (Stellis) » Tellus ipſa obſiſ- » tit quominus à » ſole aſpiciantur » harum propriun » lumen eſſe lac » aïunt. *Ariſtot.* *t.* *1. Meteor. lib. 1 cap. 8. pag. 758. E.*

(2) Solis mag- « nitudo major . . .« quàm Terræ, & « diſtantia Stella- « rum à Terrâ mul « tiplicato major .. « quàm Solis ab ea- « dem . . non procul « à Terra turbo ille, « qui a Sole ini- «
DEMOCRITE,

DÉMOCRITE. Quelques-uns difent que dans l'incendie caufé dans le Ciel par la témérité de Phaëton, une Etoile, qui tomba, brûla tout ce qui fe préfenta dans fa route, & que la Voie-lactée n'eft que la trace qu'elle fit, & qu'elle laiffa dans fa chûte (1). L'idée eft un peu Poëtique & affez réjoüiffante : feroit-

» tium fumit, ra-
» dios committet
» conjungetque :
» nec Terræ um-
» bra ad Aftra per-
» tinget : fed folem
» fidera omnia cir-
» cumfpicere , &
» eorum nulli Ter
» ram obfiftere ne-
» ceffe eft. *Arift. t. 1.*
Meteorol. lib. 2. cap.
8. p. 759. A.
» (1) Quidam
» ex iis, quos Py-
thagoreos voci- «
tant , viam effe «
hanc aïunt ; alii «
cujufdam Aftri «
de cœlo lapfi , «
juxta cœli con- «
flagrationem «
quam fub phaëton«
te ferunt accidif- «
fe. *Arift. Meteorol.*
l. 1. c. 8. p. 758. E.
Plutarch. de Placi-
tis Philof. lib. 3.
cap. 1.

ce la penſée d'Ariſtote ?

ARISTOTE. Il faudroit , à plus forte raiſon, que le Zodia-que, où les Planetes & le Soleil font leurs révolutions, fût une autre Voie-lactée. La Voie-lac-tée eſt un cercle d'exhalaiſons allumées par la révolution rapi-de des Etoiles, dont cet endroit du Ciel eſt plein (1).

DE'MOCRITE. La Voie-lac-tée ne feroit , ce femble ; qu'une lumiére paſſagére , & l'on perdroit de vûë cette Voie cé-leſte.

PLATON. Et fi les Etoiles ; petites ou grandes , n'avoient , comme Philolaüs & Métrodore le veulent, qu'une Lumiére em-pruntée & réfléchie, elles ne bril-1eroient point avec tant d'éclat ;

(1) Ariſt. *tom.* ſcap.7. *& 8. Plut.de* 1. *Meteorol. lib.* 1. *plac. Phil. l. 3. c.* 1.

elles ne rayonneroient pas, comme elles font, à une pareille diftance. Les Etoiles font des Corps allumés qui renferment les divers élémens (1).

ANAXIMENE. Ce font des Corps lumineux enchaffés ou enfoncés dans une efpéce de Cryftal, comme des clous à peuprès (2).

XENOPHANE. Ne font-ce pas plûtôt autant de nuées qui s'éteignent le matin, pour fe rallumer le foir (3) ?

(1) *Plutarch. de Placitis Philof. lib. 2. cap. 13.*

» (2) Anaxime-
» nes (ait Stel-
» las) clavorum
» inftar infixas effe
» Cryftallo. *ibid.* cap. 14.

» (3) (Cenfuit) Xenophanes (Stel «
las) nafci ex in- «
flammatis nubi- «
bus, quæ quoti- «
diè extinguantur, «
noctequavis rur- «
fus carbonum inf- «
tar accendantur ; «
ortus quippe & «
occafus nihil effe

ANAXAGORE. Si les Etoiles étoient des nuées, qui s'éteignissent le matin, comment les verrions - nous en plein jour du fond d'un Puits? Et qu'est-ce qui les allumeroit le soir? Ce sont plûtôt des pierres ou des Rochers détachés de la Terre dans la révolution de la Matiére éthérée, brûlés & changés en Etoiles par la violence de la révolution (1).

THALES. Nous n'avons vû cependant ni Rochers ni pierres s'envoler & se changer en

» aliud, quam ac-
» cendi & extin-
» gui. *Plut. ibid.*
cap. 13.
» (1) Ætherem...
» circumvolutionis
» vehementiâ abri-
» puisse lapides è
» terrâ, eosque
» adussisse, & sic
» in stellas conver-
tisse. « *Plut. de pla-
citis. Philos. lib* 2.
cap. 13. » Solem &
sydera esse igni- «
tos & à rotato in «
gyrum æthere «
circumvolutos «
una lapides. « *Ori-
genis Philosophu-
mena cap.* 8. *de
Anaxagora.*

Etoiles de nos jours. Difons plûtôt que les Etoiles font de grands
globes de Matiéres terreftres em-
brafées.

EPICURE. Ou plûtôt, de
petits globes : car je foûtiens encore que leur grandeur réelle &
leur grandeur apparente, comme
celle de la Lune, eft la même (1).

LE PHYS. MOD. L'Optique
n'en conviendra point. J'ai vû
néanmoins un des plus Sçavans
hommes de fon fiécle, qui regardoit les Etoiles comme autant de petites bougies allumées
dans les Cieux, & qui demandoit férieufement, fi l'on croyoit
qu'elles euffent plus d'étenduë
qu'elles n'en montroient. Tout

« (1) Quidquid id eft , nihilo fertur
» majore figura ,
» Quàm noftris oculis , quam cernimus,
» effe videtur.
Lucr. l. 5. v. 576.

ennemi qu'il étoit des Philoſophes , apparemment étoit - il un peu Epicurien en ce point-là.

ARISTOTE. Vûë la diſtance des Etoiles, il faut qu'elles ſoient beaucoup plus grandes que la Terre (1).

DESCARTES. Les Etoiles, dites-vous, ſont des Corps ignées, des globes de feu, des globes beaucoup plus grands que la Terre. Ne ſeroient-ce pas autant de Soleils ?

ARISTARQUE. Je le croyois il y a deux mille ans (2).

» (1) Molem » terræ . . ad . . ſtel-»larum magnitudi-»nem magnam non » eſſe neceſſe eſt. *Ariſt.t.* 1. *de cœlo l.* 2. *c.* 14. *p.* 667 *B.* Jam per ſide-« ralis ſcientiæ «

theorêmatâ de- « prehenſum à no- « bis eſt, terram « eſſe multò, quam « ſtellas quaſdam « minorem. « *Me-teorol. l.* 1. *c.* 3.

(2) Ariſtar- « chus ſolem fixis «

KIRCHER. Et ces Soleils ont apparemment leurs Lunes, & leurs Planetes, comme le nôtre (1).

DESCARTES. P. Kircher, l'idée est belle, mais hardie.

ALBERT LE GRAND. Ces Soleils nouveaux, je les mets tous sur la même surface des Cieux (2) comme Xenocrate (3).

» stellis adjungit. « Plutarch. de placitis Philos. lib. 2. c. 24. (1) Iter exstatic. Kirch. itiner. 1. p. 347. Heraclide & es Pythagoriciens vouloient que chaque étoile fût un onde. » Heraclides & Pythagoræi » quamvis stellam » dixerunt esse » mundum in æ- » there infinito, » qui terram, æé-

rem, ætheremque « contineat. Plu- « tarch. de placitis Philos. lib. 2. cap. 13. Stobæi Eclog. Phys. p. 54. (2) Stellæ « autem fixæ om- « nes inveniuntur « esse in unâ super- « ficie. » Alb. Mag. tom. 2. lib. 2. de cœlo. tract. 3. cap. 11. p. 123. col. 2. Lugduni. 1651. (3) Xenocrates

ARISTOTE. Je les y avois mi[s]
avant Albert le Grand (1).

ALBERT LE GRAND. Le[s]
Stoïciens les plaçoient à des diftances inégales, comme les Planetes (2).

LE PHYSICIEN MOD. Hé, n'a-
voient-ils pas raifon ? Puifque la
grandeur apparente des Etoile[s]
eft inégale, auffi-bien que leu[r]
éclat ; pourquoi ne les placer pa[s]
à des diftances inégales, comm[e]
les Planetes ? Mais les Planetes,
les Etoiles, le Soleil & la Terre
comment les arrangerons-nou[s]
pour en compofer le Monde[?]

fecundùm unam
fuperficiem ftellas
moveri autumavit.
Plut. de plac. Phil.
l. 2. *c.* 15.

(1) Statariorum..
numerus iniri pror-
fus nequit ab ho-

minibus, tametf[i]
omnia in eade[m]
fuperficie movean-
tur, quæ unica
tom. 1. *de mund[e]*
cap. 2. *p.* 847. D[.]
(2) *Ibid. Stoba[.]*
Eclog. Phyf. p. 54[.]

E[t]

En un mot, quel eſt, à votre avis, le ſyſtême de l'Univers ?

PYTHAGORE. Plaçons le Soleil, le plus éclatant des Aſtres, dans le centre du Monde.

PHILOLAüS. Le Soleil eſt le foyer de l'Univers ; il ſied de le placer au milieu (1).

THALE'S. Cependant la Terre y paroît être depuis bien du temps : pourquoi la déplacer ? Laiſſons tourner la Lune immédiatement au-deſſus de la Terre, & le Soleil au-deſſus de la Lune.

ANAXIMANDRE. Thalés & Pythagore ne ſe trompent-ils pas également ? Le Soleil eſt , ce ſemble , le plus éloigné des Aſtres ; ſous le Soleil immédiate-

(1) *Plut. de* 3. *cap.* II. *placitis. Philoſ. lib.*

Tome III. P

ment, c'est la Lune. Les autres Planetes & les Etoiles sont les Astres les plus proches de nous (1).

Empedocle. Aussi, le Soleil marque par sa révolution entiére les limites du Monde (2).

Leucippe. Anaximandre est dans l'illusion lui-même. Le Soleil est le plus éloigné des Astres, il est vrai ; mais la Lune est l'Astre

» (1) Anaxi- mander & Me- trodorus sum- mum locum soli deferunt, proxi- mèque lunam ei subjiciunt. Sub his fixa & vaga etiam sydera col- locant. *Ibid. c.* 15. » Supremum sane locum occu- pare solem , in- fimum vero fixa- rum stellarum globos. « *Orig. Philosophumena ,* cap. 6. *de Anaxi- mandro.*

(2) Solis con- versione mundum circumscribi ait (Empedocles) hu- ncque esse ejus fi- nem. *Plut. de plac. Phil. l. 2. c. 1.*

le plus proche de nous ; puiſque cet Aſtre éclipſe & les autres Planetes, & les Etoiles. Les autres Planetes & les Etoiles ont été pla-cées par les mains de la Nature entre la Lune & le Soleil (1).

LE PHYS. MOD. Le Soleil groſſit encore à la lunette , les Etoiles ne le font point : donc les Etoiles font plus éloignées que le Soleil. En effet , le Soleil a quelque parallaxe, & les Etoiles n'en ont pas.

DÉMOCRITE. Ouï , je ſuis d'avis de rapprocher le Soleil , d'éloigner les Etoiles, & de dif-poſer les Aſtres dans cet ordre : la Lune la plus proche , enſuite,

» (1) Solis au- | mediis interjec-
» tem circulum | tis. « *Laërt. Diog.*
» eſſe extimum , | *lib. 9. Leucippus.*
» Lunæ, terræ maxi- | *p. 245. c. Aldobr.*
» mè proximum , | *interp.*
» aliis inter hos |

P ij

Venus, le Soleil, les autres Planetes, & les Etoiles (1).

ANAXIMENE. Rapprochons
le Soleil. Mais en faisant tourner
les Astres, on les fait descendre
sous l'Horison. Pour moi, je ne
sçai, si je me trompe, mais sans
les faire descendre sous l'Horison, je les fais tourner autour
de l'Horison-même, à peu près
comme un chapeau, qui tourne-
roit autour de la tête (2).

LE PHYS. MOD. Ceux qui

» (1) Democri-
» tus hoc ordine
» collocat (syde-
» ra) primo fixas
» stellas, deinde
» errones, in qui-
» bus Solem, Luci-
» ferum, Lunam.
*Plut. de placitis
Phil. lib. 2. cap.
15.*
» (2) Non ta-
men, ut putave- «
runt alii, sub «
terram, dicit sy- «
dera commoveri; «
sed perinde ac «
circum caput «
nostrum vertitur «
pileum, circa «
terram verti. «
*Orig. Philosophume-
na cap. 7. de Anaxi-
mene.*

font fous l'Horifon voient fur leurs têtes les mêmes Aftres que nous ; donc les Aftres defcendent fous l'Horifon.

DE'MOCRITE. Vous diriez que les Planetes qui vont fe cacher fous l'Horifon à l'Occident, ont un mouvement réel vers l'Orient ; mais c'eft une illufion. Elles ne femblent fe mouvoir vers l'Orient, que parce que les Etoiles vont plus vîte qu'elles vers l'Occident. Et le mouvement des Planetes vers l'Occident eft d'autant plus tardif, qu'elles approchent plus de la Terre. L'Action du Ciel fur elles, en eft moindre ; elle s'évanouït infenfiblement, à proportion qu'elle defcend vers nous. Delà, le mouvement de la Lune eft plus lent que celui du Soleil ; & celui du Soleil, que celui des Etoiles (1).

(1) Nam fieri vel cum primis id

NICETAS. Les Planetes & les Etoiles ne vont, ni de l'Orient à l'Occident, ni de l'Occident à l'Orient. Mais la Terre, sans sortir de sa place, tourne sur son centre d'Occident en Orient (1). De-là, les apparences des Astres. Et n'est-ce pas la pensée d'Ecpaphante ? (2)

»   posse videtur,
» Democriti quod sancta viri sententia
«   ponit,
» Quanto quæque magis sint Terram
»   sydera propter,
» Tanto posse minus cum cœli turbine
»   ferri.
» Evanescere enim rapidas illius &
»   acres
» Imminui subter vires, ideòque re-
»   linqui
» Paulatim Solem cum posterioribus
»   signis, &c. *Lucr. lib.* 5. *v.* 620.

(1) Cic. Acad. | medium mundi, «
Q. l. 4. | moveri circa cen-«
» (2) Terram, | tram Orientem «

CLEANTE. La différente situation des Planetes, en démontre le mouvement. Pour la Terre, elle tourne fur fon centre, il eft vrai; mais au même temps, elle tourne dans le Zodiaque autour du Soleil, comme les autres Planetes, de l'Occident à l'Orient, tandis que le Ciel des Etoiles eft en repos; & c'eft la penfée de Philolaüs (1).

verfus. *Origenis Philofophumena*, *c.* 15.
» Heraclides Ponticus & Ecphantus Pythagoreus motum Terræ tribuünt; non ut loco fuo excedat, fed ut rotæ inftar, circa axem circum vertatur ab occafu verfus ortum, circa fuum centrum. » *Plutarch. de placitis Philof. lib.* 3. *cap.* 13.
(1) Philolaus Pythagoricus igni medium defert locum; quod fit quafi focus univerfi. *ibid. c.* 11.

PLUTARQUE. Est-il vrai, Cleante, que les Grecs trouverent de l'impieté dans ce systême, & qu'il pensa vous coûter cher ?

CLEANTE. Il faut convenir que les esprits parurent allarmés (1).

PLATON. Pour moi, je veux

» Philolaus . . . . in orbem (Terram sentit) circum-ferri circum ig-nem, obliquo circulo, in mo-rem Solis & Lu-næ. *ibid. c.* 13.

»(1) Aristarchus pu-tavit Cleanthem samium violatæ Religionis à Græ cis debuisse pos-tulari tanquam si universi lares ves-tamque loco mo- « visset ; quod is « homo conatus ea « quæ in cœlo ap- « parent tutari cer-« tis ratiocinationi- « bus, posuisset cœ-« lum quiescere, « Terram per obli-« quum evolvi cir- « culum, & circa « suum versari in- « terim axem. » *Plu-tarch. de facie in orbe Lunæ, p.* 922. 923. *tom.* 2. *Xylan-dro interpr.*

bien que la Terre tourne fur elle-même (1). Mais je la laiſſe au centre de l'Univers, faiſant tourner à l'entour, dans cet ordre , la Lune, le Soleil, Mercure, Venus, Mars, Jupiter, Saturne, au-deſſous des Etoiles (2). Néanmoins , quelque temps avant que de venir ici, je fus tenté , je l'avouë, de mettre la Terre à la place du Soleil (3).

(1) Quidam in centro . . . ipſam (Terram) jacentem volvi & circa ipſum polum . . . moveri dicunt, ut in timæo eſt ſcriptum. *Ariſt. tom. I. de Cœlo lib. 2. c. 13. p. 659. C.*

(2) *Plutarch de Placit. Philoſ. lib. 2. cap. 15. Diog. Laër. Plato. 211. ex verſ. Amb.*

(3) Theophraſtus etiam id narrat : Platonem jam natu grandem, pœnitentiâ fuiſſe ductum , quod Terram in medio univerſi , non ſuo loco collocaviſſet. » *Plutarch. in quæſtionib. Platonicis.*

ARISTOTE. Que Platon laiſſe la Terre immobile au centre du Monde, comme Empedocle; & qu'il faſſe changer de place à Mercure & à Venus: à ce prix là, je penſe comme lui.

CHRYSIPPE. Ariſtote me permettra d'arranger les Planetes, comme Platon. (1).

PTOLE'ME'E. Plaçons plûtôt le Soleil au milieu des Planetes, Mars immédiatement au-deſſus, puis Jupiter & Saturne; Mercure

(1) Stobæi Eclogæ Phyſ. *p.* 48. Balbus, que Ciceron fait parler, les arrange de même. » Saturni Stella à terrâ abeſt plurimum .. infra .. hanc .. Jovis stella ...... huic proximum inferiorem orbem tenet stella Martis. Infra hanc stella Mercurii est ... infima est quinque errantium terræque proxima, stella Veneris. *Cic. de Nat. Deor. lib.* 2. *p.* 146. *Cantabrigia.* 1718.

immédiatement au-deſſous, puis Venus & la Lune. Cet arrangement me paroît plus vrai ſemblable. Bien entendu, que le Soleil ſera toûjours une Planete, & qu'il tournera comme les autres Planetes, autour de la Terre.

ALPETRAGIUS. J'aimerois mieux mettre le Soleil entre Venus & Mercure, Venus au-deſſus du Soleil, Mercure au-deſſous (1).

VITRUVE. Ou plûtôt, imitons Heraclide ; mettons & Venus & Mercure tantôt au-deſſus, tantôt au-deſſous du Soleil. Faiſons tourner Venus & Mercure autour du Soleil, en ſorte que le Soleil ſoit le centre de leur ré-

____

» (1) Alpetragius... dicit venerem eſſe ſupra ſolem ... Mercurium autem ſub ſole. » *Albert. mag. tom. 2. de cœlo. lib. 2. tract. 3. cap. 11. p. 125. col. 1.*

volution (1).

Le Physicien Mod. La pensée d'Heraclide & de Vitruve est raisonnable, ce semble. Car enfin, l'on voit Venus & Mercure tantôt au-dessus, tantôt au-dessous, tantôt à côté du Soleil.

Copernic. Je veux bien, comme Heraclide & Vitruve, que Mercure soit la Planete la plus proche du Soleil, & Venus la plus voisine du Soleil, après Mercure; que ces deux Planetes aient le Soleil pour centre de leurs révolutions : mais au même-temps je veux que le Soleil environné de ces deux Planetes, soit, comme le prétendent Cleante, & Philolaüs, au centre du Tourbillon à la place de la Terre ; que la Terre déplacée ne soit desormais

(1) Vitruvii de *c.* 4. *p.* 287. *Venetiis.* Architecturâ, *lib.* 9. 1567.

qu'une Planete environnée elle-même de l'orbe de la Lune ; & qu'elle tourne dans le Zodiaque entre Venus & Mars, qui demeurera toûjours entre la Terre & Jupiter , comme Jupiter entre Mars & Saturne, & Saturne entre Jupiter & les Etoiles.

TYCHO. Non , je ne puis souffrir qu'on déplace la Terre ; & que la Terre ne soit qu'une Planete. Je la rétablis dans le centre du Tourbillon. Que l'orbe de Venus & le cercle de Mercure contenu dans l'orbe de Venus , aient le Soleil pour centre de leur révolution ; à la bonne heure : mais que le Soleil tourne avec eux , comme les Planetes supérieures , Mars , Jupiter & Saturne , de l'Occident à l'Orient autour de la Lune , & de la Terre immobile. Ce seront les mêmes apparences dans l'Univers ; nous y verrons les mêmes Phénomenes, sans être obligés de faire inutilement dans les Cieux tant de chemin en tournant avec la Terre.

Le Phys. Mod. Le Systême est moins dangereux par plus d'un endroit ; & l'on y peut concevoir aisément les Eclipses de Lune & les Eclipses de Soleil.

Anaximandre. Rien de plus évident. La Lune, qui est faite, ainsi que le Soleil, comme une espéce de Rouë, renferme du Feu dans son sein. La lumiére de ce feu s'échappe & brille à nos yeux par un trou semblable, à-peu-près, à celui du moyeu d'une Rouë (1). Selon que la lumiére éclate plus ou moins ;

(1) Osculo ro- | tis Philos. lib. 2. tæ obstructo. | cap. 25. p. 229.
Plutarch. de placi- |

ce sont différentes phases. Le trou vient-il à se boucher ? C'est une Eclipse de Lune. Les Eclipses de Soleil viennent du même principe (1).

HERACLITE. Quand on essaye de nous donner une idée des choses , je voudrois que l'idée eût, au moins , quelque vraisemblance. La Lune est faite en forme de chaloupe. Selon que le creux de la chaloupe Lunaire nous regarde , ce font des phases diverses (2), plus ou moins éclatantes. La chaloupe vient-elle à se renverser , en sorte que le creux soit en haut, & la courbure en bas ? C'est une Eclipse de Lune. Le même principe pro-

---

» (1) Obturato foramine , per quod ignis expirat. *ibid. cap. 24.*

(2) *Origenis Philosophumena cap 6. de Heraclito.*

duit les Eclipſes de Soleil (1).

LUCRE'CE. Ne peut - on pas dire que le Soleil & la Lune paſſent quelquefois par des endroits lumineux , dont la lumiére obſcurcit & éclipſe ces Aſtres (2) ?

BEROSE. Quand une lumiére en efface une autre , celle-là ſupplée à celle-ci, ſans répandre les ténébres. Le Soleil rend inſenſible la lumiére d'un flambeau : mais ſans répandre les ténébres ſur le flambeau. Diſons plûtôt : la Lune qui eſt ronde a deux Hemiſphéres , l'un lumineux de lui-même, l'autre obſcur. Vient-elle à nous

» (1) Docuit ſolem deficere . . . . Heraclitus , inverſione corporis Solis , quod ſcaphæ ſimile eum ponere diximus , ita ut cauum ſurſum , curvum deorſum verſus noſtrum viſum obvertatur. » *Plutar.b.de placitis Philoſ.lib.2.cap.23.24.*
(2) *Lucr. lib. 5. v.* 758. 770.

préſenter

préfenter fon Hemifphére obfcur lorfqu'elle eft en oppofition?
C'eft une Eclipfe de Lune (1).
La Lune fe trouve-t-elle fous
le Soleil ? Les Rayons du Soleil
font tourner la Lune , jufqu'à ce
que l'Hemifphére lumineux de
a Lune regarde le Soleil , parce
que la lumiére du Soleil fympa-
hife avec la lumiére de la Lune.
Alors, la Lune nous offre fon Hemifphére obfcur , qui dérobe à
nos yeux la lumiére du Soleil ; &
'eft une Eclipfe de Soleil (2).

Dum loca Luminibus propriis ini-
mica peragrat.

(1) Beroffus (ait deficere Lunam) obverfâ nobis parte ignis
experte. *Plutarch. de placitis Philof.
ib. 2. cap. 29.

(2) Beroffus... ita eft profeffus.
(Lunam) pilam effe ex dimidiâ
parte candentem, reliqua habere ce-
ruleo colore.

Thale's. Mais on prédit les Eclipses, & on ne les prédit que dans l'hypothese de l'interposition de la Lune entre le Soleil & la Terre, ou de la Terre entre la Lune & le Soleil.

Xenophane. J'explique les Eclipses de Soleil d'une maniére plus simple. Le Soleil s'éteint; c'est une Eclipse. Il s'allume un autre Soleil; & c'est la fin de l'Eclipse (1).

Thale's. Ces pensées-là sont curieuses ; & à voir l'Air de l'Assemblée, c'est une sorte d'ap-

« Cum autem… subiret orbem Solis, tunc eam radiis, & impetu caloris corripi, convertique candentem propter ejus proprietatem luminis ad lumen. *Vitruvii de Architectura. lib. 9. c. 4. p.* 293. *Venetiis.* 1567.

(1) Xenophanes (docuit) Solem deficere extinctione ; rursum autem nasci in ortu alium. *Plutarch. de Placitis Philos. lib.* 2. *cap.* 24.

plaudissement général. Les mor-
els ne sont-ils pas heureux, que dès
qu'un Soleil s'éteint, il s'en trouve
un autre prêt à s'allumer en leur
faveur ? J'avois prédit une Eclipse de Soleil sur d'autres principes.
Et l'Eclipse de Lune n'est , ce
semble, que l'ombre de la Terre
comme l'Eclipse de Soleil n'est
que l'ombre de la Lune (1).

ARISTARQUE. Oüi, la Lune
qui tourne autour du Soleil, nous
en dérobe la lumiére (2).

THALE'S. Mais si la Lune tourne autour du soleil , comment la
Terre se trouve t'elle entre le Soleil & la Lune?

LE PHYS. MOD. Ce que dit Tha-

(1) Primus Thales docuit Solem deficere quando Luna ad lineam infra eum fertur. *ibid.*

(2) Lunam moveri ait circum Solis orbem , & umbram suis inclinationibus disco inferre. *ibid.*

Q ij

lés la raison semble le dicter à l'U-
nivers. Aussi, j'observe que les Mathématiciens, les Stoïciens, Platon & Aristote-même lui applau-
dissent (1). Mais les Cometes...

ARISTOTE. Ce sont des ex-
halaisons allumées, des feux pas-
sagers, qui s'éteignent (2).

XENOPHANE Des nuées en-
flammées.

METRODORE. Ce sont des
nuages, d'où l'impression du Soleil fait sortir des étincelles (3).

STRATON. D'où viennent
ces nuages si élevés ? Comment

» (1) (Lunam)
» Plato, Aristote-
» les, Stoïci, ma-
» thematici in hoc
» confentiunt....
» defici ... lumine
» cum in umbram
» terræ incidit ...
ibid. cap. 29.
» (2) Aristote-

les (cometam
putat) igneam
coagmentatio-
nem ex vapore
ficco enatam.
*Plutarch. de placi-
tis Philof. lib. 3.
cap. 2.*
(3) *Ibid.*

font-ils fi durables?Des feux paf-
fagers, & des nuées enflammées
ne fe diffiperoient-ils pas plus
vîte ? Ce font plûtôt des Aftres
qui brillent, renfermés dans des
nuages, comme la lumiére dans
une Lanterne (1).

DÉMOCRITE. Ce font des
Planetes qui fe rencontrent, &
qui vont de concert, en réüniffant leur lumiére.

ANAXAGORE. Je penfai com-
me Démocrite avant Démocrite-
même. (2)

SÉNEQUE. Jupiter atteint

● (1) Lumen   oapparitionem, «
● fyderis   nube   cùm, quia pro- «
● comprehenfum   ius acceſſerint, «
● denfa, ficut fit   fe tangere mu- «
● in lucernis. *ibid.*   io videntur. «
● (2) Anaxago   *Ariftot. Duvallii.*
● ras atque Demo-   *tom.* I. *Meteorolog.*
● critus cometas   *lib.* 1. *cap.* 6. *p.*
● effe afferunt ftel   153. *E.*
● larum errantium

quelquefois Saturne; Mars & Venus ou Mercure, sont quelquefois
dans la même ligne. Ce n'est cependant pas une Comete (1).

ARISTOTE. Des Cometes
qui se rencontreroient, iroient-
elles de concert, jusqu'à ne se
séparer qu'après cinq à six mois?
Ne sont-ce pas plûtôt des exhalaisons allumées au - dessous
des Planetes & de l'Ether,
par la rapidité du Fluide où elles
nagent, ou du Fluide qui les environne (2)?

LE PHYSICIEN MOD. On voit

" (1) Saturnus » aliquando supra » Jovem , & Mars » venerem aut Mer- » curium recta li- » neâ despicit : nec » tamen . . . come- » tes fit. *Senec. Natural. Quæst. lib.* 7. *cap.* 12.

(2) Cometa, " exhalatio spissa , " superiorum cor- " porum conver- " sione accensa. " *Ar. Meteor. lib.* I. *cap.* 7. *p.* 756. C.

des Cometes qui n'ont point de parallaxe , tandis qu'on en trouve aux Planetes : Donc les Cometes font plus élevées que les Planetes.

SE'NEQUE. Hé , ces amas immenfes d'exhalaifons ne devroient-ils pas être plus grands que la Terre-même , pour être apperçus de fi loin ? D'où viendroient-ils ? La Terre fourniroit-elle plus de matiére qu'elle n'en contient ? Les Cometes font apparemment, comme le croyoient Diogene & quelques Pythagoriciens (1), des Planetes , qui ne

› (1) Pythago-› reorum quidam › cometam putant ›effe ftellam ex earum numero , quæ non femper videantur , fed ftato tempore fua revolutione exoriantur. Diogeni vifum fuit effe ftellas. › *Plutarch. de placitis Philof. lib. 3. cap. 2. Senec. Q. Nat. 7 7.*

deviennent senfibles , que dans la partie inférieure de leur cercle, & qui ont leurs retours.

LE PHYS. MOD. Auffi , les Aftronómes en ont-ils vû de femblables à celles que l'on avoit obfervées dans les Cieux. Mais les Cieux. . .

ANAXIMENE. C'eft du cryftal célefte , où les Etoiles font attachées (1).

EMPEDOCLE. C'eft de l'Air réduit en une forte de Glace ou de Cryftal par la violence du feu (2).

ANAXAGORE. Pour moi , je croi que les Cieux font de

» (1) Anaxime- » nes (ait ftellas) » clavorum inftar » infixas effe cryf » tallo. *Plutarch. de placitis Philof. lib. 2. cap. 14.*

(2) Cœlum effe folidum glaciei in modum, ab igne ex aëre compactum. *ibid. c. 11. Stobæi. Eclog. Phif. 52. 53.*

pierres

pierres véritables.

ARISTOTE. Faut-il s'étonner après cela qu'Artemidore ait dit que les extrémités des Cieux étoient folides & dures ! Deformais les Poëtes diront fans métaphore que les Aftres font attachés à la voute des Cieux. Mais comment la lumiére traverfe-t-elle tant de pierres pour briller à nos yeux ? Comment les Planetes & les Cometes peuvent-elles errer fi librement dans des efpaces impénétrables ? Difons plûtôt que les Cieux font des Fluides immenfes & déliés, où nagent les Aftres ; & plaçons les élémens dans cet ordre : L'Ether, le Feu, l'Air, l'Eau, la Terre (1).

» (1) Quinque igitur elementa in regionibus totidem globofi incubantia, mundum ipfum ita totum coagmentarunt......... terra ut ab aquæ globo, aqua ab

PLATON. J'avois placé le feu sur l'Ether : mais il falloit bien qu'Aristote trouvât à déranger dans mon systême (1).

LE PHYS. MOD. Je vois assez ce qu'il faut penser des Cieux. Contemplons le Monde entier.

DE'MOCRITE. Le Monde ! Dites, une infinité de Mondes finis ; & je croi qu'Epicure & Métrodore n'y trouveront point à redire (2).

THALE'S. Une infinité de

„ aëris , hic ab ig- „ nis , ab ætheris „ denique globo „ ignis coerceatur. *Arist. tom.* 1. *de Mundo. cap.* 3. *p.* 849. *C.*

„ (1) Plato „ ignem primo lo- „ co statuit , proxi- „ mo ætherem , „ deinde aërem , post hunc aquam, postremo terram. “ Aristoteles primo “ ætherem . . . . . . “ deinceps . . ignem “ &c. “ *Plutarch. de placitis Philos. lib.* 2. *cap.* 7.

(2) Censuerunt Democritus , Epicurus, & discipulus eorum Metrodo-

Mondes! Il n'y en a qu'un (1).

SELEUCUS. Non, il n'y en a qu'un ; mais il est infini (2).

PLATON. Il n'y a qu'un Monde , puisqu'il n'y a qu'un modéle (3) ; & ce Monde unique a des bornes.

EMPEDOCLE. Pourquoi faire le Monde plus grand qu'il n'est ? Il ne s'étend point au-delà de l'orbe du Soleil (4).

PLATON. Les Etoiles font plus éloignées de nous que le Soleil : donc le Monde s'étend au-delà

rus infinitos mundos in infinito. *ibid. lib.* 2. *cap.* 1.

(1) Thales & ejus sectatores unum censuerunt esse numdum. *ibid.*

(2) *Ibid.*

» (3) Quod non » similis exempla- » ri, si non unigen-

tus. « *ibid. lib.* 1. *cap.* 5.

(4) Empe- « docles solis con- « versione mun- « dum circum - « scribi ait , hunc « esse ejus finem. « *ibid. lib.* 2. *cap.* 1.

de l'orbe de cet Astre. Mais enfin, dans ses bornes plus ou moins resserrées, il doit durer toûjours (1). Il peut périr : mais la Main Divine qui l'a fait & le conserve, ne cessera point de le conserver.

ARISTOTE. Le Monde tourne : donc il a ses bornes. Mais si le Monde a commencé, comme Platon le prétend, que Platon nous dise, d'où vient que le Monde ne doit pas finir ?

Quoi qu'il en soit, la figure sphérique est la plus parfaite & la plus propre pour le tournoyement. Aussi, tout le Ciel fait en vingt-quatre heures une révolu-

—————

» (1) Pythagoras & Plato mundum à Deo factum arbitrati sunt .... obnoxium interitui , . non autem periturum, providentiâ eum & Deo continente. *Plutarch. de placitis Philos. lib.* 2. *cap.* 4.

tion entiére fur deux Pôles, donc
l'un, qu'on ne voit point dans la
partie feptentrionale du Monde,
eft par rapport aux habitans du
Nord, le Pôle fupérieur ; & l'autre, qu'on y voit, le Pôle inférieur (1).

PYTHAGORE. Ariftote y fonge-
t-il ? Le Pôle que les habitans
du Nord voient fans ceffe, eft
plus près de leur Zénith : donc
c'eft le Pôle fupérieur par rapport à ces peuples.

ARISTOTE. Supérieur ou non :
de la révolution du Monde fur

» (1) Patet igi-
» tur, eum polum,
» qui non videtur
» à nobis, cœli
» partem fuperam
» effe, & eos qui-
» dem, qui illic
» habitant, in he-
» mifphærio fupe-
ro effe … nos au- «
tem in infero, «
contra atque Py- «
thagorici dicunt; «
illi enim nos fu- «
pra faciunt. « *Arif-*
tot. tom. 1. de cœlo
lib. 2. cap. 2. p.
643. *C.*

R iij

ſes Pôles, je conclus que le Monde eſt parfaitement rond, quoique d'autres lui donnent une figure ovale (1).

PLATON. Le Monde eſt donc un
grand Animal de figure ſphéri-
que (2)?

PHILOLAÜS. Un Animal
qui ſe nourrit des vapeurs &
des exhalaiſons que lui four-

(1) *Plutarch. de placitis Philoſ. lib. 2. cap. 2.* » Pa-
» tet ex dictis mun
» dum eſſe rotun-
» dum, atque a
» deo exactè, ut
» nihil eorum quæ
» manu conficiun-
» tur . . . ſit tam
» exactè rotun-
» dum. *Ariſt. tom 1. de cælo lib. 2. cap. 4. p. 647. A.*
» (2) Deus uni-
verſum conſti- «
tuit , animal u- «
num , animalia «
in ſe omnia mor- «
talia & immorta- «
talia continens. «
Platonis Timæus. Ficin. p. 489.
Non eſt cunctan- «
dum profiteri . . «
hunc mundum «
animal eſſe. » *Ti-
mæus Serrani, t. 3. p. 3. B.*

hiſſent les feux céleſtes, & les Eaux de la Lune, répanduës par la violence de la révolution de l'Air (1).

ZENON. Un Animal parfait.

PYTHAGORE. Et qui ſçait parfaitement la Muſique. Ses mouvemens font un concert mélodieux, qui fait prendre le Monde pour une harmonie tout-à-fait muſicale (2).

PLATON. Un Animal immortel, comme Timée l'a très-bien dit (3).

» (1) Horum » exhalationes eſſe » alimentum mundi. « *Plutarch. de Placitis Philoſ. lib. 2. cap. 5.*

» (2) Mundum dixit » melos canere. *Orig. Philoſophumena, cap. 2. de Py-*thagora. » Mundum eſſe dicit muſicam harmoniam « *ibid.*

(3) Univerſi « corpus. . interitui « nullo modo obnoxium. *Plato. Seran. Timæi locri p. 95. t. 3.*

R iiij

ZENON. Oh, je prétens que cet Animal est sujet à la mort.

LEUCIPPE. Non-seulement il est mortel ; mais après certains accroissemens, il diminuë insensiblement, il s'épuise, & il meurt enfin (1).

LE PHYS. MOD. Je voudrois bien sçavoir où sont les Sens de cet Animal mortel & immortel.

PLATON. Il n'a point de pieds, point de mains, point d'oreilles, point d'yeux &c. parce que tout cela lui seroit inutile. En effet, il n'y a rien au-delà du Monde ; rien parconséquent où le Monde puisse appuyer les pieds, rien à prendre, rien qui puisse lui frapper les oreilles, rien qui puisse attirer ses regards, rien que

____

» (I) Incremen- |&c. » ibid. c. 12. de
»tum & interitum | Leucippo.

l'Animal univerſel puiſſe goûter, flairer, toucher (1).

ARISTOTE. Pour moi, je donne aux Aſtres des intelligen- ces pour les mouvoir: j'anime le Ciel, j'anime les Orbes, où les Aſtres ſont emportés, & je les livre aux ſoins d'une Providence attentive : mais je n'accorde point les mêmes prérogatives aux Corps ſublunaires (2).

» (1) Nec enim nec repellendum:«
» (mundus animal nec pedes , &c. «
» cætera continens *Platonis Timæus.*
» animalia) oculis *Serrani. tom.* 3. *p.*
» egebat, quia nihil 33.
» extra quod cerni (2) Cœlum «
» poſſet, relictum animatum. « *Ariſ-*
» erat : nec auribus, *tot. tom.* 1. *de Cœlo*
» quia ne quod au- *lib.* 2. *cap.* 2. *p.*
» diretur quidem .. 642. E. »Cœleſti-«
» nec ei manus af- bus quidem hæc «
» fixit (Deus); quia omnia adeſſe , «
» nec capiendum quod orbibus «
» quidquam erat, contineantur ani-«

LE PHYS. MOD. Avant que d'animer les Aftres, & le Monde, j'attens de leur part quelques traits de connoiffance. Recherchons l'origine du Monde.

PARMENIDE. Je ne lui donne point d'origine (1).

XENOPHANE. Le Monde n'eft-il pas éternel & néceffaire (2)?

ARISTOTE. Le Monde n'a pas befoin de nourriture : donc il eft éternel (3).

PLATON. La raifon eft mer-

>> matis atque ani->> malibus : terref->> tria autem om->> nibus iftis carere. *Plutarch. de placitis Philof. lib. 2. cap.* 3.
>> (1) Æternum >>& originis expers. *Orig. Phil. c.* 11. *de*

Parmenide.
(2) *Plat. de plac. l.* 2. *c.* 4.
(3) Ariftoteles fic: « fi alitur mundus, « etiam peribit. At « nullo indiget nu- « trimento : eft er- « go fempiternus. « *ibid. cap.* 5.

veilleuſe ! Une poutre de bois de chêne n'a pas beſoin d'alimens ; donc elle ne ſe mine pas, elle ne s'altére pas, elle ne ſe détruit pas. La Matiére eſt éternelle ; non pas le Monde. Le Monde eſt l'ouvrage de la main de Dieu. Dieu n'a-t-il pas fait le Monde matériel ſur le modéle de celui qu'il avoit dans l'eſprit ? Mais le Monde corruptible, qu'il a fait, ſa Providence le conſervera toûjours (1).

ANAXAGORE. C'étoit d'abord une matiére informe, une

(1) Pythagoras & Plato mundum à Deo factum arbitrati ſunt.. obnoxium interitui, quia corporeus: non autem periturum. providentiâ eum & Deo continente.... » *Plut. de placitis Philoſ. lib.* 2. *cap.* 4. » Plato ait viſibilem mundum factum ad exemplum ejus qui in mente fuit. « *ibid. cap.* 6.

espéce de Cahos; & l'Esprit suprême y a mis cet ordre qui fait la beauté de l'Univers (1).

PLUTARQUE. La beauté de l'Univers a fait naître l'idée de Dieu. Il falloit une intelligence pour faire quelque chose de si beau (2).

ARISTOTE. On convient assez généralement que le Monde est l'ouvrage d'une sagesse supérieure.

EPICURE. Le hazard ne peut-il point y avoir eu part ?

» (1) Confusa in unum erant omnia. Mens ea divisit & in ordinem composuit. *Plut. ibid. l. 1. c. 3.* » (2) Notionem Dei suggessit primum conspecta eorum, quæ in mundo sunt, pulchritudo : nihil enim pulchri temerè & fortuitò nascitur, sed ab arte aliqua efficitur. « *Plutarch. de placitis Philos. lib. 1. cap. 6.*

PLATON. Le hazard ne fait rien de si régulier. Un ouvrage si magnifique est le sceau d'une sagesse sans bornes, qui, pour le composer, tira les élémens du sein de la Matiére.

EMPEDOCLE. Oüi, les élémens sont sortis du sein de la Matiére, en cet ordre : l'Ether ; de l'Ether, le Feu ; du Feu, la Terre ; de la Terre, l'Eau ; de l'Eau, l'Air ; le Ciel, de l'Ether ; le Soleil, du Feu ; les Corps terrestres, des autres élémens (1).

LE PHYS. MOD. Je sçai la peinture que l'esprit de Dieu-même traça de l'origine du Monde ; & je sçai que la main qui le créa, doit le détruire enfin.

Mais comment Epicure a-t-il pû se résoudre à nier la

(1) *Plutarch. de* 2. *cap.* 6.
placitis Philos. lib.

Providence (1)?

EPICURE. J'essayois vainement une voie pour me délivrer des inquiétudes inséparables de la vie, & pour être heureux avant le temps.

LE PHYS. MOD. Et comment Aristote borna-t'il la Providence aux Corps célestes?

ARISTOTE. N'ai-je pas dit en termes exprès, que Dieu étoit & l'Auteur & le Conservateur de toutes choses (2)? Il est vrai, plaçant la Divinité sur la Cime de l'Univers, j'ai dit que ses soins se faisoient plus sentir aux Etres inférieurs, à proportion qu'ils font plus près d'Elle ; moins à

____

(1) *Ibid. lib.* 1. *c.* 4.

(2) Cunctorum.. cum servator.... Deus.. tum.. génitor. *Arist. tom.* 1.

de mundo, cap. 6. *p.* 589. *A.* On dispute cet Ouvrage à Aristote. Saint Justin le lui attribuë.

proportion , qu'ils en font plus éloignés (1) : mais enfin, j'ai dit que ces foins s'étendoient fur toutes chofes (2).

PLATON. Socrate ne biaifa point fur la Providence ; & il reconnut en Philofophe éclairé , qu'elle devoit embraffer tout indiftinctement.

(1) Summam igitur & primam mundi fedem fortitus , ea de caufâ ..... fupremus appellatus.. maximè verò vim ejus fentit , numineque ejus ante omnia fruitur id corpus , quod proximè eum fitum eft , cum quod fecundùm , . & unum quodque deinceps prout fituum ordo ad noftrum ufque locum naturâ conftitutus eft. *ibid. B*.

(2) Dicamus (Deum) incolumitatis caufam rebus univerfis præftare. *ibid. C*. Ita ut tum Solem , Lunamque moveat , tum cœlum omne circumagat : fimulque caufam præbeat eorum quæ integra funt falutis atque incolumitatis. *ibid*. 860. D.

Zenon. Dieu, sans doute, est le principe de toutes choses, & sa Providence n'a point de bornes (1).

Le Phys. Mod. Hé, la raison ne dit-elle pas d'une voix à se faire entendre de tout l'Univers, que l'Auteur de la Nature étant infiniment éclairé, infiniment puissant, infiniment sage, infiniment bon, il doit étendre ses soins généralement & en particulier à toutes les parties de son Ouvrage ?

Enfin, selon les Réflexions que l'on a faites dans cet entretien, la Matiére & la Forme sont les premiers principes des Corps; regarder l'éxistence des Corps, comme une illusion, c'est une

____

» (1) Principium »omnium, Deum, » per omnia mana- »re ejus providen- | tiam &c. «*Origenis Philosophumena. cap. 21. de Stoïcis.*

folie ;

folie ; le mouvement eſt le tranſ-
port actif des Corps, &c. Les idées
les plus vraies, ou les plus vrai-
ſemblables ſur les principaux Phénomenes de la Nature, ſont pré-
ſentes à mon eſprit ; & c'eſt ce
que je cherchois. »

Voilà donc, Ariſte, un entretien imaginaire, qui ne laiſſe pas
de nous éclairer en nous retra-
çant les anciennes Opinions. Ainſi les eſſais de penſées différentes, & l'examen de ces penſées
ont contribué, ce ſemble, à amener la Phyſique au point de perfection, où nous la voyons. Il
falloit que la foibleſſe & la force
de l'eſprit éclataſſent tour à tour.
Si les Anciens n'avoient uſé, pour
ainſi dire, un certain nombre
d'idées biſarres, dont le temps
a fait voir le ridicule en les mon-
trant à diverſes repriſes & ſous
différentes faces, nous les ſaiſi-

Tome III.   S

rions, ces idées; elles nous occupe-
roient un certain temps, peut-être
toute la vie. Leur bisarrerie con-
nuë en a fait chercher de plus
solides ; & la curiosité de l'esprit
a perfectionné celles-ci. Nous
verrons à quel point l'étude de
la Nature dans la Nature-même,
y a servi. Mais il est temps de
vous redire que je suis, &c.

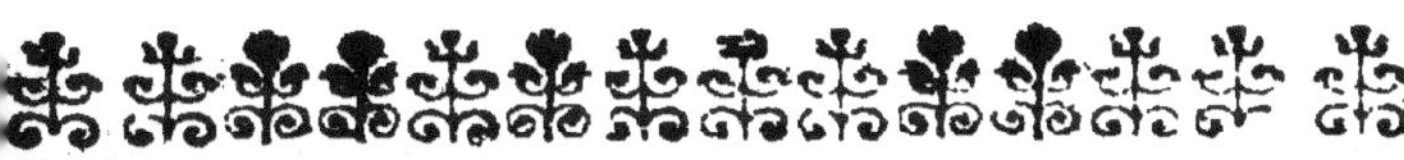

VINGTIE'ME LETTRE.

EUDOXE A ARISTE.

Ce que la Physique Nouvelle doit à l'étude de la Nature dans la Nature même, plûtôt que dans les Ouvrages des Physiciens.

LES essais d'opinions différentes, & l'examen de ces pensées, solides ou bisarres, ont été de quelque usage pour perfectionner la Physique. Mais, Ariste, il faut convenir que l'étude qu'on a faite de la Nature dans les opinions & dans les pensées des autres, n'a été, ni l'unique, ni le plus efficace moyen d'amener cette science au point de perfection où elle est.

S ij

Dans les penſées , dans les opinions des Phyſiciens , nous voyons la Nature telle qu'on l'imagine ; l'y voyons-nous toûjours telle qu'elle eſt en elle-même ? Souvent on y prend le phantôme pour la réalité. C'eſt une peinture de l'Univers , une peinture variée , agréable, engageante ; il n'y manque rien, hors la vérité ; c'eſt une douce illuſion. Quelques traits naturels , hardis & frappants , préviennent; la prévention fait approuver les autres traits du Tableau. Pour les diſcerner, les approuver, & ſe les graver dans l'eſprit , ces traits , il en coûte aſſez peu; pour en vérifier la reſſemblance avec la Nature-même, il en coûteroit beaucoup. Une certaine indolence , la crainte de ne point réüſſir , la prévention, tout porte à s'en tenir au Tableau de la Na-

ture, c'eſt-à dire, au ſyſtême,
qu'on trouve tracé par une main
habile. On aime mieux errer pai-
ſiblement ſur les pas d'un Auteur
qu'on eſtime, que de ſe gêner
pour ſe frayer une route pénible
& dangereuſe, qui puiſſe me-
ner à la vérité. L'on adopte
donc une hypothéſe ; & ſi l'on
fait quelques recherches, ce n'eſt
guére que dans la vûë de la ſoû-
tenir. On ſe perſuade que l'on
voit la vérité, pour s'épargner la
peine de la chercher, ou le regret
de ne la trouver pas.

Ainſi, les plus beaux génies,
à force de s'aſſervir à des idées
étrangéres, deviennent inutiles
pour la perfection de la Phyſique,
imitant en quelque ſorte le Lier-
re, qui rampe toûjours ſur l'é-
corce d'un Arbre, ſans s'élever
au-deſſus de la Plante qui le
nourrit & le ſoûtient. Une crain-

te pusillanime, ou une estime ser-
vile arrête également le progrès
de cette science. Quel progrès
a-t-elle fait dans le cours de qua-
torze à quinze siécles , où l'autorité d'Aristote & celle de Platon faisoient la loix tour à tour ?
On regardoit le génie sublime
d'Aristote, comme le génie de la
Nature - même ; & ses décisions
étoient des oracles. Ses parti-
sans, du moins la plûpart , avoient
peine à croire , ce semble , qu'il
fût possible de s'égarer sur ses
pas , & de rien ajoûter à ses
pensées. On se bornoit donc
assez généralement à essayer de
le comprendre, à l'interpreter ,
à fixer son sens; & la vie des Physiciens les plus capables de perfectionner la Physique , se passoit
à sçavoir ce que l'on avoit pensé, plûtôt que ce que l'on devoit
penser.

Le profond respect des Platoniciens pour Platon n'a pas plus avancé la science de la Nature, que la parfaite soumission des Péripatéticiens pour Aristote. Mais enfin, Jourdan le Brun (1), & Descartes (2) ensuite, ont secoüé le joug. Descartes a trouvé plus de

(1) *Jordani Bruni.. rationes articulorum Physicorum adversus Peripateticos. Vitebergæ. 1588.*

» (2) Captoque » confilio nullam » in posterum quæ-»rendi scientiam, » nisi quam vel in » me ipso, vel in » vasto mundi vo-» lumine possem » reperire aliquot » annos variis pe-» regrinationibus » impendi. *Ren.*

Descartes de Methodo p. 6. Edit. Amstelod. 1692. tom. 2.

Et quia.. neminem inter cæteros eligere poteram, cujus opiniones dignæ viderentur, quas potissimum amplecterer, fui quodammodo coactus proprio tantum consilio uti ad vitam meam instituendam. *ibid.* p. 10.

docilité dans l'esprit de bien des Modernes, qu'il n'avoit eu d'égards pour les Anciens les plus célébres, pour Ariftote & Platon, en particulier. Plusieurs Modernes ont eu pour Descartes la même déférence, que les Anciens avoient eu pour Platon & pour Ariftote. La déférence de ceux-là n'a t-elle pas eu ses inconveniens comme la déférence de ceux-ci ? L'on a vû dans les écrits de Descartes des idées hardies & nouvelles, des vérités mêmes, des découvertes réelles, un enchaînement de penfées suivies, un fyftême, une maniére générale d'expliquer tous les Phénomenes de la Nature. La vûë de quelques vérités a fait prendre aifément les idées nouvelles pour autant d'autres vérités. La prévention, l'indolence, la crainte de ne pas réüffir, ont fait paffer

fur

fur quelques reproches de la raifon, & l'on a mieux aimé s'attacher tout-à-fait à un fyftême tra-
té , que de fe donner la peine
de le réformer , ou d'en eſſayer
un autre.

Vous le ſçavez Ariſte. Il a fallu
dévorer quelques Paradoxes ; il a
fallu ſe perſuader , ou s'étourdir
pour tâcher de fe perſuader, par
exemple, que le Monde n'eſt pas
fuſceptible de Vuide, que la Puiſ-
fance de Dieu-même, toute infinie
qu'elle eſt, ne ſçauroit venir à bout
d'anéantir une feule des fubſtan-
ces qui compoſent l'Univers, fans
anéantir l'Univers entier , quoi-
qu'étant infiniment heureux, il
ait créé & conſerve librement
tous les Etres qui font fortis de
fes mains ; il a fallu donner au
repos autant de force qu'au mou-
vement-même, & foûtenir hardiment, qu'un Corps plus petit

ne peut , quelque vîtesse qu'il ait, en déplacer un plus grand, &c. Quand il s'agit d'approuver de semblables Paradoxes, la raison se révolte d'abord, elle murmure, Mais enfin , l'esprit prévenu se fait à tout. Et j'ai vû soûtenir encore sérieusement toutes les opinions de Descartes, comme autant de vérités incontestables , & avec autant de chaleur, du moins , qu'il le faisoit lui-même.

Neuton , direz - vous, Ariste, n'a pas succombé de la sorte sous l'autorité Cartésienne. Il est vrai ; loin de s'y rendre, de suivre le torrent, & de se livrer à la Philosophie qui étoit, ou qui devenoit à la mode, il a fait voir assez de courage pour enfiler une autre route , du moins en bien des choses. Descartes avoit commencé par établir des principes

& des causes naturelles pour en faire naître successivement (1) les effets sensibles, ou les Phénomenes de la Nature : Neuton a cru qu'il falloit prendre le contre-pied (2). Il a donc commencé par étudier, par démêler les effets sensibles ou les Phénomenes, pour s'élever par-là, comme par degrés, jusques aux principes & aux causes naturelles. Descartes avoit répandu dans tout l'Univers la Matiére subtile : Neuton l'a dissipée (3). Descartes

» (1) Primùm » conatus sum generatim invenire » principia , seu » primas causas » omnium . . . ad » Deum solum.. attendendo.. postea » expendi quinam » essent primi & » maximè ordi-narii effectus , « qui ex his causis « deduci possent ; « videorque mihi « hac viâ cogno-visse cœlos &c. « *De methodo. p.* 37. (2)*Optice.l.* 3.*q.* 28. (3) Penitus « rejicienda. *Opti-*ce. *p.* 313.

avoit mis autour des Aſtres, des Tourbillons à l'infini: Neuton les a tous détruits. Deſcartes avoit refuſé à Dieu-même le pouvoir de faire le moindre Vuide dans toute l'étenduë de l'Univers : Neuton a placé les Aſtres & les a fait tourner dans des Vuides immenſes. Deſcartes avoit proſcrit les Attractions; Neuton les a rétablies. Le Phyſicien François avoit engagé dans ſes ſentimens bien des François : & on a vû toute l'Angleterre, ou preſque toute l'Angleterre ſe déclarer pour le Phyſicien Anglois, & regarder toutes ſes déciſions, comme les expreſſions de la vérité-même.

La prévention pour Deſcartes a fait donner dans quelque excès. La prévention pour Neuton en produit-elle beaucoup moins? Conçoit-on comment la Lu-

miére vient si vîte des Astres jusques à nos yeux par des Vuides
immenses, & sans que les Cieux
soient remplis d'une Matiére déliée, dont l'action successive
transmette la Lumiére jusques à
nos Sens ? Conçoit-on bien comment les Planetes tournent dans
des Vuides à perte de vûë, quelque libres quelles soient, sans
jamais décrire de lignes droites,
tandis que sur la surface de la
Terre, nous voyons les Corps
mûs en rond enfiler dans l'Air,
dès qu'ils sont libres, une ligne
droite ? Voit-on dans les Attractions de vraies causes des fer-
mentations, des inquiétudes de
l'Aiman, des mouvemens circu-
laires des Astres, quand on fait
attention que les Corps sont
d'eux-mêmes tout-à-fait indiffé-
ents pour le mouvement ou le
epos, & qu'ils demandent, pour

changer de place, une impulsion manifeste ?

Et quand les esprits frappés
des ouvrages & de l'autorité d'un
grand Homme, sont une fois ac-
coûtumés à reconnoître dans des
principes si obscurs, & si inintel-
ligibles, l'origine des Phénomenes de la Nature, sont-ils bien dis-
posés à répandre dans la Physique
le nouveau jour qu'ils pourroient
y porter ? De tout temps la prévention pour les écrits des Auteurs, & pour les Auteurs mêmes, jointe à je ne sçai quelle
indolence, à je ne sçai quelle
timidité naturelle, a retardé le
progrès de la connoissance de la
Nature. Où étudier donc la Nature, pour en perfectionner plus
sûrement & plus efficacement,
la connoissance ? dans la Nature-
même.

Etudier la Nature dans elle-même, c'eſt étudier ſans préjugés les Corps dans les Corps-mêmes, y démêler leurs propriétés ; obſerver les mouvemens, les effets ſenſibles, les Phénomenes ; les voir ſous différentes faces, les tourner de tous côtés, éxaminer les circonſtances, en diſcerner les rapports avec les cauſes qui pourroient les produire, chercher les cauſes inſenſibles dans celles qui frappent les Sens, & la connoiſſance des cauſes inconnuës, dans l'intelligence de celles que l'on connoît ; faire là-deſſus des conjectures vrai ſemblables, en hazarder-même. Il faut de la réſerve ; mais un excès de timidité fait qu'on ne ſaiſit point une lueur, qui ſeroit ſuivie d'un grand jour. A force d'eſſayer des conjectures, on en fait de ſolides ; & les malheureuſes ou les fauſſes que l'on hazarde, ont l'avantage, du moins, d'empêcher quelques eſprits attentifs de perdre, à les faire, un temps qu'ils donnent à des conjectures plus ſolides, & même à des découvertes réelles. Ainſi les Deſcartes, les Kirchers, les Rohaults, les Paſchals, les Neutons, les Mariottes &c. ont enrichi la Phyſique. Ainſi, par exemple, Deſcartes a fixé les loix du mouvement ; Kircher a trouvé dans l'Univers une eſpéce de Magnétiſme univerſel, & nous a dévoilé l'intérieur des Volcans de Sicile & d'Italie ; Rohault a déterminé les Angles des Rayons divers qui forment les différentes couleurs de l'Arc-en-Ciel ; Paſchal a découvert les reſſorts ſecrets qui opérent les merveilles de l'équilibre des liqueurs ; Mariotte, ou, ſelon vous, Neuton a démêlé le jeu des

rayons pour les couleurs &c. Ainſi
l'on a d'autant plus perfectionné
la Phyſique nouvelle, qu'à l'étude
de la Nature en elle-même, on a
joint une Méthode plus efficace.
Cette Méthode ſera l'occaſion
& le ſujet d'une autre lettre. Je
ſuis &c.

VINGT-UNIE'ME LETTRE.

EUDOXE A ARISTE.

Ce que la Physique Nouvelle doit à la Méthode.

Quelquefois, Ariste, avec un esprit pénétrant & solide, on étudie la Nature dans la Nature-même, sans l'y découvrir; vainement on la cherche en elle-même, faute de Méthode. On n'apprend rien, parce qu'on voudroit tout sçavoir à la fois, ou qu'on ne sçait, ni par où débuter, ni quelle route tenir, pour réüssir; on commence ses recherches par où l'on devroit les finir; on emploie des moyens qui sont inutiles, parce qu'ils sont hors de leur place. On saisit de faux jours, & l'on ne peut compter fur rien. On fe remplit la mémoire de faits dérangés, & de traits mal aſſortis, peu propres par conféquent à éclairer l'eſprit qui les ſçait, & à porter la lumiére dans celui qui les ignore.

Il faut de la Méthode pour découvrir le vrai.

L'Art de connoître & de faire connoître le vrai, c'eſt la Méthode. Deux ſortes de Méthodes, l'Analyſe & la Syntheſe.

L'Analyſe va par degrés, de ce qu'il y a de plus compoſé dans l'objet, à ce qu'il y a de plus ſimple. Faiſant toûjours uſage de ce que l'on connoît, pour connoître ce que l'on ne connoît pas; elle diviſe l'objet, elle en diſtingue éxactement les parties, elle éxamine chaque partie en détail, la tournant de tous côtés, & la conſidérant ſelon tous les jours qu'on y peut trouver ; elle en détermine la nature, les proprietés, le caractére : & la connoissance aisée des parties simples, prises séparément, donne enfin la connoissance difficile de l'objet composé.

La Synthese considére d'abord ce qu'il y a dans l'objet de plus général, de plus simple, de plus clair, de plus facile à concevoir, & va de-là par degrés, à ce qu'il y a de plus composé, de plus embarrassé, de plus obscur, faisant servir la lumiére des choses claires & connuës à la connoissance de celles qui sont obscures & inconnuës.

L'une & l'autre Méthode va par degrés & par ordre des choses connuës à celles que l'on ne connoît point, & dont la connoissance est l'objet de nos recherches.

Rien de plus efficace, & pour

s'inftruire, & pour inftruire les autres. Voulez-vous, Arifte, connoître & faire connoître la Nature ? 1. Toûjours en garde contre les préjugés de l'éducation, & contre le poids de l'autorité purement humaine, n'ayez pour guide que la raifon & l'expérience, & ne vous rendez qu'à l'expérience & à la raifon. 2. Saififfez d'abord ce qu'il y a de plus fimple, de plus intelligible, ou de plus connu. Avec cette lumiére, allant toûjours pas à pas mais fans interruption, vous atteindrez à ce qu'il y a de plus inacceffible. Imitez les Géométres. Les Géométres vont proportionnellement de ce qu'il y a de plus fimple, ou de plus connu, de plus évident à ce qu'il y a de moins fimple, de moins connu, de moins évident. De la Ligne par exemple, à l'Angle ; de l'Angle au Triangle ; du Triangle au Quadrilatere ; du Quadrilatere au Poligône ; du Poligône au Cercle &c. La connoiſſance de la Ligne, diſpoſe à celle de l'Angle ; celle de l'Angle, à celle du Triangle &c. La premiére facilite la ſeconde ; celle-là fait naître celle-ci. A la faveur de la lumiére qui précede, l'obſcurité diſparoît à chaque pas ; & l'eſprit eſt charmé d'apprendre toùjours de nouvelles choſes, allant, pour ainſi dire, d'évidence en évidence.

Suivez, Ariſte, la Methode des Géométres, autant qu'il ſe peut, dans vos recherches Phyſiques : vous aurez enfin des idées nettes des choſes les plus obſcures, & dévelopant vos idées avec la même netteté, vous repandrez dans la Phyſique plus de jour qu'Ariſtote & Platon.

Ces grands Hommes avoient leur Méthode. Platon alloit de la cause à l'effet avant Descartes; Aristote alloit de l'effet à la cause avant Neuton. Mais comme la Géométrie des Anciens étoit imparfaite, leur Méthode l'étoit aussi. La Géométrie n'avoit pas cet enchaînement qui fait naître toutes les propositions les unes des autres, & dans le même jour; en sorte que celles qui précédent ne disent rien qui ne serve à répandre la même lumiére dans celles qui suivent. La Physique ne l'avoit pas non plus, cet enchaînement. Platon aime les écarts dans ses entretiens. Il se propose, par exemple, de parler de Physique dans le Timée, & il débute par s'étendre sur le point le plus fameux & le plus insoutenable de sa République. Aristote a plus de méthode. Sa Physique va,

par quelques degrés, des principes, qui font fimples, à des chofes compofées; des chofes connuës à celles qui ne le font point:
mais dans ces chapitres, combien de chofes, qui ne prouvent
ni ce qui précéde, ni ce qui
fuit !

Les Modernes ont été plus
fcrupuleux, ou plus délicats en
ce point. Dans la Phyfique, ainfi que dans la Géométrie, leurs
propofitions font liées, enchaî-
nées, fuivies; en forte que les
unes amenent les autres naturellement. Tantôt on y va pas à
pas, des caufes aux effets; tantôt on y va de même des effets
aux caufes. Ici l'on montre comment telle caufe doit produire
un tel effet; & l'on a le plaifir
de voir cet effet dans la Nature:
Là, l'on fait obferver que tel
effet fuppofe une telle caufe; &
l'on

l'on a le plaisir de trouver cette
cause là même dans la Nature.

S'agit-il, par exemple, de découvrir la cause prochaine des effets
de l'Aiman ? L'Analyse nous y
conduit par des effets connus, suivant cette route, à peu-près: Le
Fer libre se meut vers l'Aiman immobile. Le Fer se meut-il de lui-
même? Non. Le Fer n'est qu'une
portion de Matiére, sans efficace,
& tout-à-fait indifférente pour le
mouvement, ou le repos. Il faut
donc qu'une cause extérieure
meuve le Fer vers l'Aiman. Cette cause extérieure doit toucher,
frapper, pousser le Fer pour le
mouvoir: Aussi d'ordinaire, quand
nous voyons un des Corps inani-
més qui sont autour de nous,
prendre une direction pour aller
à droite ou à gauche, nous appercevons l'action d'un autre
Corps, qui le touche, le frap-

pe, le pousse : Donc la cause extérieure, qui touche, frappe, & pousse le Fer vers l'Aiman, est un Corps. Ce Corps est l'Aiman même, ou un Corps invisible, puisque celui sur lequel se trouve l'Aiman immobile n'a nulle action. Ce n'est point l'Aiman : l'Aiman est immobile; & un Corps immobile ne communique point une force, un mouvement qu'il n'a pas : c'est donc, un Corps invisible. Ce Corps invisible n'est pas l'Air précisément où la Matiére subtile qui se rencontre ordinairement dans les interstices de l'Air : car le Fer éloigné de l'Aiman, n'en est pas moins environné d'Air & de cette Matiére subtile. Par conséquent il sort de l'Aiman une Matiére imperceptible qui a part à ce Phénomene. En effet, j'approche de l'Aiman une couche légére de

Limaille d'Acier : Je vois un tourbillon tracé dans la Limaille! Ce tourbillon ne peut être tracé si rapidement sur la Limaille , que par une Matiére deliée qui sort d'un pôle de l'Aiman, & rentre par l'autre. Il sort donc de l'Aiman une Matiére déliée qu'on appelle Matiére Magnétique. Cette Matiére qui sort de l'Aiman, avec beaucoup de rapidité, doit chasser l'Air ou la Matiére imperceptible qui se rencontre entre l'Aiman & le Fer : cette Matiére chassée derriére le Fer doit être repoussée vers l'endroit d'où elle vient, tout étant plein. En revenant elle doit pousser le Fer vers l'Aiman; le Fer poussé par derriére, doit aller vers l'Aiman, où il trouve moins de force , qui agisse contre lui: car la Matiére magnétique pénétre aisément le Fer, puisqu'elle le pénétre , de maniére qu'elle fait un tourbillon autour du Fer & de l'Aiman réünis : Donc la cause prochaine de l'attraction de l'Aiman eſt la Matiére intermédiaire chaſſée par la Matiére magnétique , & qui revient ſur le Fer, ou ſur le Corps attiré. Ainſi la Méthode nous dirige dans nos recherches.

Neuton va d'ordinaire de l'effet à la cauſe (1) ; Deſcartes de la cauſe à l'effet.

Neuton cherche la cauſe des Phénomenes dans les Phénomenes - mêmes ; Deſcartes veut la trouver dans ſes idées. Neuton remonte des Phénomenes vers les principes ; Deſcartes faiſit les principes, pour deſcendre aux Phénomenes. Neuton plus timide, obſerve le fil des choſes

____

(1) *Optice l.* 3. *p.* 347.

pour s'élever en le suivant pas à pas, jusques à leur source ; Descartes plus hardi, commence par se placer à la source de tout, pour faire couler tout successivement de sa source.

Néanmoins Descartes emploie dans le détail l'une & l'autre Méthode, selon les circonstances.

Je suis, dit-il, puisque je pense. Je trouve dans moi l'idée de Dieu : je ne puis avoir cette idée que Dieu n'éxiste. Dès qu'il éxiste un Dieu, sage & bon, la connoissance que j'ai de l'existence des Corps, ne me trompe point. Le fond des Corps, c'est la Matiére : La Matiére divisée d'abord par l'impression d'un mouvement circulaire qu'elle a reçu de l'Auteur de l'Univers, a dû donner des élémens de différentes espéces, & l'assortiment de ces élémens, tels & tels Corps &c. Ainsi Descartes essaye d'aller par degrés à son but, & les Cartesiens ont suivi la Méthode de leur Maître.

Dans Rohault & dans Regis, vous voyez ce qui précéde amener ce qui suit. En développant les causes, ils annoncent les effets; & les effets se trouvent comme à point nommé. Dans nos Entretiens Physiques, en allant des principes généraux, aux proprietés générales des Corps; des proprietés générales, aux proprietés des Corps en particulier; & de l'assemblage des Corps, formant enfin l'Univers entier, n'avons-nous pas tellement disposé chaque Entretien, que ceux qui suivent, semblent naître de ceux qui précédent, & que ceux-ci, portent la Lumiére dans ceux-là? Ainsi dans les derniers Siécles on a répandu quelque jour dans la Physique.

La Méthode des Physiciens
Modernes est d'autant plus sûre
& plus efficace, que pour connoître la Nature, ils font plus
d'usage de la Géometrie, de la
Méchanique, de l'Optique, de
l'Astronomie, enfin des Mathématiques. La Géométrie donne
à la Physique de la nétteté, de
l'ordre, avec la connoissance des
figures, des rapports, des Proportions qui servent tant à la
beauté des ouvrages de la Nature.
On trouve dans la Méchanique
l'intelligence des forces mou-
vantes, qui animent l'Univers.
Par exemple, comment conce-
vons-nous que les Esprits animaux, tout déliés qu'ils font,
peuvent produire le mouvement
& le jeu du Corps humain ? La
Méchanique nous apprend que
l'excès de vîtesse supplée au défaut de masse, & que diverses

parties du Corps sont des points d'appuis, des points fixes, ou des leviers d'espéces différentes. L'Optique dévoile les routes secretes, & les détours des rayons dans les goûtes d'eau & dans nos yeux, pour nous faire voir les couleurs de l'Arc-en-Ciel sur un nuage qui n'a de lui-même nulle couleur. Si nous connoissons la distance & la grandeur des Astres, à qui devons-nous ces Lumiéres ? A la Géometrie, à l'Optique, à l'Astronomie.

Enfin la Méthode qui fait un si bon usage des Mathématiques pour connoître la Nature, demande des Observations. Et ces Observations seront encore une occasion de vous marquer avec quelle estime je suis &c.

VINGT-

VINGT-DEUXIE'ME LETTRE.

EUDOXE A ARISTE.

Ce que la Physique Nouvelle doit aux Observations, & aux Expériences,

VOus sçavez, Ariste, à quel point la Nature semble affecter de nous cacher ses Secrets. Pour découvrir ses mystéres, il faut la suivre pas à pas; il faut, pour ainsi dire, la surprendre dans ses opérations ; il faut des observations, des expériences ; il faut un juste amas de Phénomenes , pour établir un principe propre à les expliquer ; il faut des expériences pour vérifier les conjectures. Les Anciens en furent convaincus avant nous.

Tome III.   X

Auſſi employerent-ils des milliers d'Obſervateurs pour connoître, par exemple, ce qui regarde les Animaux. Et Aulugelle, Elien, & Pline n'ont-ils pas des volumes d'Obſervations? Mais je ne ſçai s'il ſe trouve dans la Nature quelque recoin, où la curioſité & la ſagacité des Modernes n'en ait pas fait ſur les traces de l'Antiquité. Parcourons encore les principaux endroits de la Phyſique, à peu-près comme nous l'avons fait, & dans le même ordre. Et nous rappellant les expériences & les obſervations principales, ceux qui les ont faites, & la maniére dont l'on s'y eſt pris pour les faire ; nous comprendrons ce que la Phyſique nouvelle doit aux obſervations & aux expériences des Modernes.

D'abord, s'agit-il de donner

quelque idée de la petitesse in-
concevable des particules de la
Matiére ? Boyle les observe , ces
particules. Il apperçoit, non-seulement autour des Corps liqui-
des, mais autour des Corps solides, une Atmosphére de Matiére imperceptible ; il trouve qu'il
s'exhale de ces Corps une Matiére extrémement déliée, & que
cette Matiére d'une petitesse
énorme a une efficace étonnante.
Et ces observations différentes
font les sujets d'autant de traités
capables d'enrichir la Physique
(1).

Mais I. Comment Boyle découvre-t'il une Atmosphére autour
des Corps, de ceux mêmes qui
ont de la consistance ? 1. Il fait
attention que les Corps font pé-

____

(1) *De Atmos-* | *subtilitate effluvio-*
pharis corporum con | *rum. De insigni ef-*
sistentium. De mira | *ficatia effluviorum.*

X ij

nétrés d'une Matiére très-mince,
& violemment agitée ; dont l'a-
gitation doit détacher des particules. 2. Que les Fluides fenfibles s'évaporent , & que les vapeurs voltigent alentour. 3. Que
l'Ambre-gris , & les Corps Aro-
matiques n'ont de l'odeur, que
parce qu'ils font environnés de
Corpufcules qui viennent frapper l'Odorat. 4. Que le Bois-fec
& la Glace-même au fort de
l'Hyver , diminuent de poids à
la balance. 5. Que le frottement
donne de l'odeur au Cuivre, au
Fer , au Marbre , au Verre , en
ajoutant apparemment quelque
excès d'agitation à l'agitation naturelle de leurs Particules infenfibles. 6. Qu'enfin l'Ambre acquiert à la chaleur du Soleil &
du Feu , une force attractive.
De-là , Boyle conjecture que
les Corps, même les plus durs,

ont leur Atmosphére de Matiére imperceptible (1).

II. Comment se faire & donner quelque idée de la petitesse de ces corpuscules? Dans cette vûë 1. Boyle observe que, selon la pensée d'Aristote & de Descartes, la Matiére étant divisible à l'infini, l'on ne peut donner de bornes à la petitesse de ses parties. 2. Il fait couler dans une Eolipile une once d'Eau. Les particules de cette once d'Eau sont assez déliées, assez nombreuses, pour produire pendant un quart d'heure, un vent capable de souffler & d'allumer un tison (2). Il allume la moitié d'un grain de poudre à Canon dans un Vaisseau de Verre, large de huit pouces

(1) *De Atmosphæris corporum consistentium.*

(2) *De mira sub-tilitate effluviorum, cap. 3. p. 15. Londini 1673.*

dans la bafe, haut de vingt, plus large dans fa hauteur qu'un Vafe conique, ayant les côtés un peu inclinés les uns vers les autres. La moitié du grain de poudre, jette une fumée qui remplit tout le vafe, en fort par ondes pendant un demi quart d'heure, & occupe un efpace cinquante mille fois plus grand que la fource qui l'a produite (1). 4. Il diffout, avec de l'efprit de Sel Armoniac, un grain de Cuivre, qui donne d'abord une couleur bleuë à plus de deux cens cinquante mille parties d'eau égales au grain de Cuivre, qui pourroit teindre encore de la même couleur autant de parties (2). 5. Il dirige perpendiculairement à l'Horifon une

(1) *Ibid. p.* 2.
(2) *De mira*
fubtilitate effluvio- *rum, cap.* 3. *p.* 26. 28. *Londini.* 1673.

verge de Fer, longue d'un pied ou d'un pied & demi , dans un tuyau de verre fermé hermetiquement par les deux bouts. La verge de Fer s'aimante (1) ; & l'obſervateur ne peut douter que la Matiére magnétique ne pénétre le Verre. 6 Il diſſout un grain de Cuivre dans de l'eſprt de ſel Armoniac ; & la liqueur miſe dans une lampe de Verre faite exprès , s'imbibe dans la mêche , qui donne pendant trente-ſix minutes une flamme verdâtre (2). Ne voit-on pas qu'il faut que les particules d'un ſi petit volume ſoient d'une étrange petiteſſe pour teindre une flamme ſi durable,pour pénétrer le Verre,pour colorer tant d'eau , pour cauſer une fumée ſi vaſte, &c.

(1) *Ibid.* p. 32. | (2) *Ibid.* p. 44. 33.

Xiiij

III. Ce n'est point assez ; il s'agit de déterminer la Nature & la différence de ces corpuscules d'une si étrange petitesse, & si inaccessible à nos Sens. Comment s'y prendra l'Observateur attentif? Il raisonnera de la sorte, à peu-près, sur les observations : Les vapeurs, par exemple, conservent la nature & les propriétés de l'Eau, puisque venant à se condenser sur le Marbre froid, elles donnent de l'Eau. Les fumées du Mercure dans l'Alambic donnent du Mercure dans le Récipient (1). Les fumées de l'Etain donnent de l'Etain (2). Il est donc vrai-semblable que les corpuscules, que les Corps divers exhalent, retiennent, du

(1) *De natura determinata effluviorum, c. 3. p. 65.* 66. *Londini.* 1673.
(2) *Ibid. p. 68.*

moins la plûpart, les qualités naturelles des Corps qui les exhalent. Aussi, mettez à une certaine distance, à un pied, par exemple, l'une de l'autre, deux Phioles, l'une pleine d'esprit de sél commun, l'autre pleine d'esprit d'urine ou de Sel armoniac : vous ne verrez nul effet, qui frappe les yeux. Mettez les deux Phioles proche l'une de l'autre : les exhalaisons se réüniront, s'accrocheront, se condenseront ; ce sera dans l'Air, une fumée, une espéce de petit nuage sensible (1). Hé, les exhalaisons de l'Opium n'endorment-elles pas, comme l'Opium-même (2) ?

IV. Ces petits Etres ont, dans leur petitesse, d'autant plus d'efficace, que leur petitesse - même

____

(1) *Ibid. cap.* 4. *p.* 86.   (2) *Ibid. cap.* 5. *p.* 102.

leur donne plus de facilité pour s'infinuer dans les Pores. La facilité de s'infinuer, la multitude, la vîtefle des corpufcules infenfibles, tout cela fuplée à la mafle. Boyle le foupçonne ; il veut s'en aflûrer. Dans cette vûë , 1. Il eflaye ce que peut la multitude des vapeurs infenfibles. Il fufpend donc au bout d'une corde fort longue , mais aflez mince, un poids de cent livres. Dans un temps humide les vapeurs infenfibles qui pénétrent lentement la corde, mais en grand nombre, la gonflent, la racourciffent ; & la corde gonflée & racourcie éleve à fes yeux, en fe racourcifīant, un poids de cent livres (1) 2. Il lui vient en penfée que les exhalaifons pénétrent les

(1) *De infigni c. 2. p. 124. 125. efficatiâ effluviorum,* Londini. 1673.

pores des Tonneaux, & vont aigrir la Bierre dans le temps du Tonnerre. Que fait-il ? Il remplit de Bierre des Bouteilles de verre scellées hermétiquement. Dans le temps du Tonnerre, la Bierre s'aigrit dans les Tonneaux ; elle se conserve dans les Bouteilles (1) ; & l'Observateur conclut que les exhalaisons traversent les interstices du Tonneau, sans pénétrer ceux du verre. 3. Il veut se convaincre de l'excès de force, que la vîtesse donne aux corpuscules imperceptibles. Il frotte les Corps électriques, l'Ambre & le Diamant ; & leur vertu en est plus efficace. Il chasse contre la direction du vent ; & il observe que l'odeur des Liévres, des Perdrix, des Cerfs, frappe plus vivement l'odorat des Chiens (2).

(1) *Ibid. p.* 141.   (2) *Ibid. p.* 132.

M. Boyle a d'autant plus contribué par de pareilles expériences à la découverte de la vérité, qu'il a pris soin, non-seulement de nous détailler ses observations nouvelles & la maniére dont il les a faites, mais encore de nous informer de ce qu'il a tenté inutilement, & de ce qui lui a réüssi. Ce qu'il a tenté inutilement nous empêche de perdre du temps à l'essayer ; ce qui lui a réüssi, nous sert & à vérifier ses découvertes, & à en faire de nouvelles.

Vous le sçavez, Ariste, ces corpuscules si petits, mais si efficaces, selon les observations de M. Boyle, trouvent accès dans les Corps les plus durs. Les Corps les plus durs ont leurs interstices. Et par quelles expériences ne les a-t'on pas forcés, pour ainsi-dire, de manifester leurs pores imper

ceptibles ? Hook en a découvert
au Microfcope dans un charbon
jufques à cent cinquante dans la
dix-huitiéme partie d'une ligne.
Et Neuton dit qu'il fçait d'un
témoin oculaire , qu'on a vû
fortir d'une Boule d'Or creufe ,
pleine d'Eau , & comprimée
violemment , une multitude infinie de petites gouttes , comme
autant de petites gouttes de rofée,
fans voir aucune trace de pores
(1).

Le Mouvement qui opére ces
merveilles Philofophiques , méritoit bien les obfervations & les
expériences que M. Mariotte a
faites fur le choc ou la percuffion des Corps: Elles font faites
avec art. On y prend un plan
triangulaire & perpendiculaire à
l'Horifon. Dans ce plan , l'on

(1) Optice. lib. 2. pars. 3. p. 228.

trace une ligne horifontale. Dans cette ligne, on enfonce deux cloux. A ces deux cloux, on attache deux filets de quatre à cinq pieds. Au bout des deux filets, on fufpend deux Boules de Terre-Glaife médiocrement molle, qui fe trouvant dans leur point naturel de fufpenfion & de repos, fe touchent. L'on éloigne également les deux Boules vers les deux endroits diamétralement oppofés. Les deux Boules décrivent des Arcs égaux, fçavoir, de trente degrés chacun. On divife les Arcs. Les divifions marquent les degrés de vîteffe (1).

Cela fuppofé, dans l'ufage des Boules, & dans la pratique des obfervations, tantôt une Boule

(1) Mariotte. 8. &c. à Paris. *de la Percuffion. p.* 1673.

va choquer une Boule égale &
en repos : tantôt une Boule va
frapper une Boule en repos, mais
de maſſe inégale. Quelquefois
deux Boules égales viennent de
deux endroits oppoſés ſe heurter
avec des vîteſſes égales ou inégales. Quelquefois les maſſes des
deux Boules, qui ſe rencontrent,
ſont inégales, les vîteſſes égales, ou
inégales ; & l'Obſervateur, qui
voit les effets divers du choc en
différentes circonſtances, fixe à
ſon gré, ſur les effets, qu'il obſerve,
les loix de la percuſſion.

Que d'obſervations récentes,
Ariſte, pour diſcerner dans la
Nature l'uſage de ſemblables
loix! Rappellons-nous, du moins,
quelque obſervation de chaque
eſpéce. Les Minéraux piquérent
toûjours la curioſité ; mais ſur-
tout, l'Aiman. Le P. Kircher
frappé de la direction de l'Aiman

entreprend d'éclaircir ce Phénomene. Dans ce deffein, il engage
les Mathématiciens de fon ordre,
& par leur moyen, la plûpart des
Mathématiciens de l'Europe, à
l'obferver dans tous les endroits
où ils pourront fe trouver. Sur
leurs obfervations & fur les
fiennes, il fait une Table, où
d'un coup d'œil on voit la différence de déclinaifon & fur
Mer & fur Terre dans toutes les
contrées du Monde (1).

Mais d'où peut venir cette différence ? Pour effayer de le découvrir, l'Auteur place fous
l'Eau plufieurs Pierres d'Aiman ;
il promene fur l'Eau une Aiguile
aimantée, il obferve que l'Aiguille décline différemment,
parce que les écoulemens mag-

(1) Artis mag- | *cap.* 4. *p.* 320.
net. lib. 2. *pars* 5. |

nétiques

-nétiques viennent des diff'ren-
tes Pierres avec des forces &
des directions différentes frapper
l'Aiguille. Il conclut de-là, que
les écoulemens de Matiére magnétique & déliée, qui viennent
de divers endroits de la Terre,
avec des forces & des directions
diverses, à cause des inégalités
de la surface de la Terre, & de
la situation des canaux magnétiques, font décliner l'Aiguille,
plus ou moins, là vers l'Orient,
ici vers l'Occident (1) ; & dans
le même endroit, tantôt vers
l'Occident, tantôt vers l'Orient.
Il conclut enfin, que les chan-
-gemens, qui se font dans le sein
de la Terre, comme les Feux
souterrains, ou la naissance des
Mines nouvelles, variant les canaux, les écoulemens, la force &
la direction des écoulemens

(1) *Ibid.* q. 3. p. 337.

Tome III. Y

magnétiques, feront varier la déclinaison de l'Aiman & de l'Aiguille aimantée (1).

L'attraction des Corps aiman-
tés nous invite encore, auffi-bien
que la déclinaison de l'Aiman , à
faire de nouvelles obfervations.
Il y a quelques années, eût-on
cru que pour aimanter le Fer
tout - à - coup, il fuffifoit de le
frapper du doigt ? On s'avife de
tenir dans une fituation perpendiculaire à l'Horifon une verge
de Fer, qui n'eft point aimantée;
on la frappe du doigt dans cette
fituation. La voilà tout-à-coup
aimantée ; fa vertu nouvelle fe
fait fentir à l'Aiguille. Le bout inférieur de la verge repouffe le Pôle
Meridional de l'Aiguille , & en attire le Pôle Septentrional. N'eft-il

(1) Artis mag- *p. 346.*
net. *lib. 2. pars 5.*

pas naturel de conclure de-là que dans la secousse de la verge situé perpendiculairement à l'Herison, les fibres prennent une direction qui donne un passage libre à la Matiére magnétique d'un bout à l'autre de la verge?

On sçait assez qu'une Matiére aussi déliée, que la Matiére magnétique, ou du moins, plus déliée que l'Air, fait la pésanteur des Corps : mais pour convaincre d'une maniére sensible que les Corps pesants accélérent leur vîtesse dans leur chûte selon la proportion. 1. 3. 5. 7. environ, il falloit des observations, des expériences telles que celles du P. Riccioli & du P. Sébastien.

On laissa tomber de la Cime d'une Tour fort haute, une Boule d'Argille, en présence du Pere Riccioli ; & le sçavant Mathématicien observa que la Bou-

Y ij

le parcourut 10. pieds dans le premier inſtant, 30. dans le ſecond, 50. dans le troiſiéme.

Le P. Sébaſtien imagina une Machine pour éprouver la proportion de la chûte des Corps (1). C'eſt un plan incliné, ſpiral, fort étroit, compoſé de fils de Leton paralleles. Le Plan ſpiral fait pluſieurs tours ſur un Axe commun. Le premier tour à 1. pouce de diamétre ; le ſecond tour, 3 ; le troiſiéme 5 ; le quatriéme 7. &c. Chaque tour répond à ſon diamétre. Ces tours font des eſpaces inégaux, dont le ſecond eſt comme 3. à 1. ou à peu-près ; le troiſiéme, comme 5. à 1. le quatriéme, comme 7. à 1. &c. Du ſommet de la Machine laiſſez couler ſur le Plan

(1) *Hiſtoire de Sciences.* 1699. *p.* *l'Acad. Royale des* 116.

une petite boule d'yvoire de six
lignes de diamétre. Elle parcourt
en des temps égaux les tours,
les espaces inégaux, qui sont
comme 1. 3. 5. 7. &c.

De pareilles expériences sont
plus persuasives, que les meilleurs
raisonnemens.

Ce sont les expériences & les
observations, plûtôt que le raisonnement, qui nous ont fait
remarquer dans l'Air un Agent
presque universel. Malgré les
raisonnemens & l'autotité d'Aristote & de Séneque, on avoit peine à croire que l'Air eût sa pesanteur & son ressort. Les plus
beaux génies, les Galilées & les
Kirchers aimoient mieux avoir
recours à l'Horreur du Vuide.
Galilée observa que l'Eau ne
montoit dans les Pompes aspirantes, qu'à trente-deux pieds, environ. Il fixa donc là l'efficace

Mais si telle est l'efficace de
l'Horreur du Vuide, le Mercure
même, malgré son excès de pesanteur, montera jusques à trente-deux pieds. S'il n'y monte pas,
cette efficace célébre n'est qu'u-
ne efficace imaginaire. Que fait
Toricelle? Il remplit de Mercure
un long Tuyau de Verre, scellé
hermétiquement par un bout.
Le bout qui n'est point fermé de
la sorte, il le met dans du vif-
argent. Le Mercure du Tuyau
descend : il ne s'arrête qu'à la
hauteur de vingt-sept à vingt-
huit pouces, plus ou moins selon la température de l'Air. Ce
n'est donc plus l'Horreur du
Vuide, qui soûtient l'Eau dans
les Pompes aspirantes, ou le Mercure dans le Tuyau de verre. La
cause de ces Phénomenes est
invisible ; c'est donc l'Air appa-

remment, à qui les Anciens donnoient de la pefanteur.

Si l'Air pefe, plus la colomne
d'Air fera longue, plus elle foû-
tiendra de Mercure dans le
Tuyau de Toricelle. Sur ce principe, M. Pafchal fit faire fucceffivement l'expérience de Toricelle au pied du Pui-Dôme en
Auvergne, fur le penchant, &
fur la Cime de la Montagne (1).
Et la variation du Mercure, qui
defcendit à 26 pouces, 3. lignes
au pied de la Montagne, à 25.
pouces fur le penchant, à 23.
pouces 2. lignes vers la Cime,
confirma la conjecture de Mr.
Pafchal (2).

A peine le Tuyau de Toricelle
avoit-il fait voir à l'œil pour ain-
fi-dire, & la pefanteur & le de-

___

(1) En 1646. | *De la Nature de*
Moreri. *Pafcal.* | *l'Air. p.* 196.
(2) Mariotte,

gré de la pesanteur de l'Air, que pour essayer la vertu de son ressort, on inventa la Canne-à-vent, ou cette espéce de Fusil philosóphique (1).

Une découverte heureuse pique la curiosité des Physiciens, & produit d'autres découvertes. Vers le milieu du dernier siécle, un célebre Allemand (2) voyant que l'Air avoit, & son poids, & son ressort, comprit que le ressort & le poids de l'Air pourroient servir à le tirer d'un vase, où il laisseroit peut-être un vui-

» (1) inventa est
» ante annos ali-
» quot ratio aërem
» intra fistulam ita
» comprimendi ,
» ut tali ferè effec
» tu plumbeus glo
» bulus quasi ex
» sclopto ordinario
pulveris Pyrii «
subsidio explodi «
possit. « *Otto de Guericke lib. 3. cap. 29. Amst. 1672.*

(2) Otton de Guericke consul de Magdebourg.

de

de affez confidérable. Il fit donc faire un grand Vafe rond, un grand Récipient de verre, ayant un Tuyau coupé à Angles droits par une clef mobile. L'orifice de ce Tuyau-là-même, il le fit ajuf-ter à l'Orifice d'une Pompe, où l'Air pourroit paffer du Réci-pient, au moment que l'on tire-roit le Pifton, & fortir, dès qu'on remonteroit le Pifton, fans ren-trer dans le Récipient (1). Telle eft l'origine de la Machine Pneu-matique, où les Sens furpris voient tant de Phénomenes mer-veilleux. Dès fa naiffance elle fit voir de ces Phénomenes.

Le fuccès anima l'Auteur de la Machine du Vuide. Pour ren-dre la pefanteur de l'Air plus fen-fible encore, il imagina, & fit

(1) Otto de Guericke. lib. 3. cap. 4. p. 76.

Tome III.   Z

conſtruíre deux Hemiſphéres
d'airain. Il en pompa l'air avec
ſa Machine nouvelle ; & à peine
ſeize Chevaux purent-ils les ſé-
parer (1). Selon le calcul du
Phyſicien Allemand , chaque
Hemiſphére étoit preſſé par une
colomne d'air, qui peſoit 2686.
livres, environ.

Les Nouvelles Machines de
l'Allemand & de l'Italien avoient
quelque choſe de trop frappant
pour ne pas toucher un Obſervateur de la Nature·auſſi curieux
que Boyle. L'Anglois ſçut perfectionner la Machine du Vuide
& la rendre plus ſimple, & en
varier les effets en mille maniéres. La Machine Pneumatique
de Magdebourg avoit deux
grands défauts. 1. Comme le Récipient étoit rond, & qu'il n'a-

(1)Otto de Guéricke. *l. 3. c. 23. p. 104.*

voit d'autre ouverture, que l'orifice ou le canal étroit par où l'air paſſoit dans la pompe, à peine y pouvoit-on mettre quelque choſe en expérience. 2. A peine deux hommes pouvoient-ils le vuider en une heure (1). Boyle fit faire un Récipient rond, mais qui avoit dans la partie ſupérieure une ouverture large de quatre doigts, avec un couvercle pour la fermer. Le Vaiſſeau pouvoit tenir ſoixante livres d'Eau. Pour faciliter le mouvement alternatif du Piſton, l'induſtrieux Anglois employa l'efficace de la manivelle. La Pompe avoit une ſoupape pour laiſſer ſortir l'Air (2).

Un degré de perfection diſpoſe à un autre. Aujourd'hui le

(1) Boyle. *tom.* I. *in* - 4°. *p.* 3. *Geneva* 1677.

(2) Boyle. *tom.* I. *in* -4°. *p.* 4. 6. *Geneva* 1677.

Récipient eſt un Vaſe de Cryſtal fait en forme de cloche; capable de recevoir par une large ouverture, & de tenir en expérience, non-ſeulement des Oiſeaux, mais des Chats mêmes, de grands objets. On applique le Vaiſſeau ſur une Platine de cuivre percée par le milieu, pour laiſſer deſcendre l'air du Récipient dans la Pompe par un Tuyau de communication, qu'une clef mobile coupe à Angles droits. Un léger effort du pied, qui appuie dans une ſorte d'étrier, fait jouër le Piſton, le faiſant deſcendre, pour faire place à l'air qui vient du Récipient par le canal de communication ouvert, ou le faiſant monter pour jetter l'Air hors de la Pompe par une rainure ménagée dans la partie inférieure de la clef qui ferme le Tuyau de communication. Et variant en plus de maniéres encore que Boyle, de Guericke, & Toricelle, les effets de la pefanteur & du reffort de l'Air, on voit & l'on fait voir avec furprife, que l'Air eft un Agent beaucoup plus efficace que les Anciens ne penfoient, & prefqu'univerfel.

Cet Agent imperceptible, & néanmoins fi général, a beaucoup de part dans les merveilles de l'équilibre des liqueurs. Que les Liqueurs pefent précifément à proportion de leur hauteur fur la bafe, qui les porte, de façon que les Liqueurs de même efpéce & d'égale hauteur pefent également fur la même bafe ; c'eft une vérité également furprenante & certaine, mais difficile à rendre fenfible.

De quoi ne s'avife pas le génie de l'invention ? M. Pafchal fait faire des Vaiffeaux de dif-

férentes figures. L'un est conique, l'autre évasé; le troisiéme
Cylindrique, uniforme, & perpendiculaire à l'horison; le quatriéme, incliné. La capacité des
Vaisseaux est différente. Mais ils
ont tous même hauteur perpendiculaire, même base, & dans
la même base, un Piston égal
& mobile, chacun. Mr. Paschal
les remplit d'eau tous. Et il se
trouve qu'il faut même force
pour soûtenir chaque Piston,
quoique les Vaisseaux, à raison
de leur figure ou de leur situation
différente, contiennent des quan-
tités d'eau inégales. N'est-il pas
évident après cela, que le Fluide presse le Piston, & pese par
conséquent sur la base précisément à proportion de la hauteur
du Fluide même, & de la largeur
de la base ?

Quand on dit que les Cor-

pufcules de feu & la flamme même pefent , auffi bien que tant
de Fluides , & que l'Air en particulier , on dit un Paradoxe , &
l'on dit vrai. Dès les Siécles les
plus reculés, on trouva de la
pefanteur jufque dans la flamme. Mais il falloit , pour faire
fentir cette vérité , de nouvelles
expériences. Et le célébre Boyle
n'en fait-il pas ?

Il expofe au feu pendant deux
heures une petite lame de cuivre;
& la petite lame , qui pefoit deux
dragmes & vingt-cinq grains ,
pefe deux dragmes & trente-
deux grains (1). Et le volume
en eft fenfiblement augmenté.

Dans les expériences de l'ob-
fervateur Anglois , une petite

(1) *De flamma de Atmofpharis, p.*
ponderab.litate   1. 3. Londini 1673.
exper. exercitationes

lame de cuivre mife dans le creufet, ne pefe d'abord qu'une once; & deux heures après elle pefe une once & trente grains (1); une once de cuivre en Limaille acquiert en trois jours le poids de quarante-neuf grains (2). Le poids d'une once d'Etain croît d'une Dragme en deux heures (3). Quatre Dragmes de Limaille d'Acier pefent, après deux heures, cinq Dragmes & fix grains (4). Trois Dragmes & trente-deux grains d'Argent pefent deux grains & demi de plus, après une heure & demie (5). Pendant le même temps, deux onces d'Etain dans un creufer couvert d'un plus petit, &

(1) *Ibid. exper.*
3. *p.* 6.
(2) *Ibid. exp.*
4. *p.* 7.
(3) *Ibid. exp.*
6. *p.* 9.
(4) *cap.* 9. *p.* 13.
(5) *ibid. exp.*
10 *p.* 13.

luté, croissent de six grains (1).

Les Corps qui ont augmenté de poids au feu, continuënt d'augmenter de poids, quand on les expose au feu de nouveau. Une once d'Etain acquiert en deux heures une Dragme & trente-cinq grains (2) ; une once de Limaille d'Acier avec de la chaux d'Etain se trouve après deux heures, devoir au feu deux Dragmes & vingt-deux grains (3).

Peut-être, Ariste, cet excès de poids vous paroîtra-t'il l'effet de quelques Corpuscules qui voltigent dans l'Air, & qui viennent s'attacher aux Corps exposés au Feu.

L'on prévient votre objection par cette expérience : On met

(1) De flammæ ponderabilitate. Exp. 15. p. 20.

(2) Ibid. exp. 17. p. 26.

(3) Ibid. exp. 20. p. 27.

huit onces d'Etain dans un vaiffeau rond de verre blanc , ayant
un col long de vingt pouces &
fermé hermétiquement. On re-
muë , on tourne le Vaiffeau fur
le feu , l'on y tient le métal en
fufion pendant une heure & un
quart ; & l'expérience lui donne
vingt-trois grains de plus qu'il
n'avoit d'abord (1). Deux Dragmes de Corail ont acquis le poids
de trois grains & demi dans une
phiole fermée hermétiquement
(2).

La flamme produiroit-elle le
même effet ? Deux onces de limaille d'Etain mifes dans une
retorte de verre fcellée hermétiquement , étant expofées à la

______

(1) Ibid. expe-
rimentorum man-
tiffa exp. 3. & 4. p.
35.

(2) *De flamme
ponderabilitate. exp.
mantiffa. exp.* 8. *p.*
41. *Londini* 1673.

flamme seule du Soufre pendant deux heures avant que de se fondre, & une heure & demie après la fonte-même , ont augmenté d'environ quatre grains & demi (1).

Mais cette augmentation de poids ne viendroit-elle pas des particules du verre détachées du verre par la violence de la flamme , & attachées au Métal fondu? M. Boyle crut trouver une fois dans la retorte-même, après l'opération, quelque excès de pésanteur ; un demi grain, du moins, de plus (2).

Sur de semblables expériences, l'Observateur conjecture que les corpuscules, soit des charbons ,

(1) *Detecta pe-*
netrabilitas vitri à
penetrabilibus parti-
bus flamma. exp. p. 50. *exercitationes*
de Atmosph.

(2) *Ibid. p.* 52.

foit de la flamme, venant à s'infinuer par les pores du verre-même, dans les interftices des Corps, expofés à l'action de la chaleur, s'y fixent pour lui donner tout à la fois quelque excès de maffe & de pefanteur. Or, un Corps, dont l'adhérence donne quelque excès de péfanteur, doit pefer.

Ces corpufcules tantôt agités, tantôt fixes nous rappellent le chaud & le froid. Que d'obfervations récentes pour éclaircir ce qui regarde le froid & le chaud!

M. Ammontons veut voir les degrés de chaleur dont l Eau chaude eft fufceptible; & il obferve que lorfqu'elle bout une fois à un certain point, fa chaleur n'augmente plus, ni fur le même feu, ni fur un feu plus grand (1).

M. Hugens veut essayer la force de la dilatation de l'Eau qui se glace. On coupe en deux un canon de fusil. On soude une extrémité d'un des tuyaux ; on l'emplit d'Eau: puis, on ferme l'autre bout avec une vis ; & on l'enduit de Plomb fondu, pour ne laisser aucune issuë à l'Air intérieur. M. Hugens expose la nuit le Canon sur sa fenêtre , hors de sa chambre, à la rigueur d'un froid violent. Le huitiéme de Janvier (2) & vers les sept heures du matin , le Canon , qui créve avec un grand bruit , laissant sortir de la glace pleine de petites bulles , lui découvre ce qu'il cherche.

(1) Hist. de l'A-cad. Royale des sciences 1703. *p.* 25.

(2) 1667. Hist. Academiæ. 1667. *p.* 13.

La curiosité va jusques à vouloir discerner les différents degrés de la température de l'Air. Comment s'y prendre? Le froid resserre l'Esprit-de-vin, la chaleur le dilate. On remplit donc d'Esprit-de-vin coloré, une phiole de verre à long col, jusques au milieu du Tuyau. L'on chauffe le bout supérieur, pour forcer l'Air dilaté d'en sortir ; on le scelle hermétiquement à la lampe de l'Emailleur. La chaleur dilate l'Esprit-de-vin, & il monte ; le froid le resserre, & il descend. Et les différents degrés de descente ou d'élévation nous font voir, pour ainsi-dire, à l'œil les divers degrés du froid & du chaud.

Les lieux soûterrains paroissent plus froids l'Eté que l'Hyver : n'est-ce pas une illusion des Sens? C'étoit au Thermométre à décider là-dessus. M. Mariotte mit

donc fucceffivement en expérience dans des caves profondes
un Thermométre bien fenfible.
Et le Thermométre décida que
l'Air des caves, comme celui
de dehors, étoit plus froid l'Hyver que l'Eté, c'eft-à-dire, plus
froid lorfqu'il paroît plus chaud,
plus chaud quand il femble plus
froid.

Paffons, Arifte, de l'efpéce de
fermentation, qui fe fait dans le
Thermométre, aux fermentations chymiques, à la Chymie-
même. La Chymie eft l'art de féparer les fubftances différentes,
qui compofent les mixtes, ou les
Corps fenfibles. Dans l'Analyfe
de ces Corps, elle en tire cinq
fortes de fubftance, le Mercure
ou l'efprit, le Soufre ou l'huile,
le Sel, le Phlegme ou l'eau, la
Tête morte ou la terre. Le Mercure ou l'efprit eft une fubftance

déliée, légére, pénétrante, plus
agitée que le Soufre ou l'huile.
L'huile ou le Soufre est une substance subtile, douce, onctueu-
se. Le Sel, est une substance incisive & pénétrante. Quelquefois
cette substance pénétrante &
incisive se sublime aisément ; &
c'est un Sel volatil : quelquefois
elle se précipite ; & c'est un Sel
fixe. Le Phlegme est une substance aqueuse, qui garde toûjours quelque chose des autres.
La Tête morte est de la terre,
qui retient toûjours quelques esprits. Dans la distillation l'Eau
sort avant les esprits fixes, &
après les esprits volatils ; le Mercure avant le Soufre, le Soufre
avant le Sel, dont il reste quelque chose dans la terre qu'on
trouve au fond du Vaisseau (1).

(1) Lemery | 1713. p. 3.

Les

Les Chymiftes donnent à ces
inq fubftances le nom de prin-
ipes. De tout temps, on tira
es mixtes ces fortes de princi-
es ou d'élémens. Mais la Chymie ancienne faifoit tellement
myftére des fecrets qui s'offroient
à fes yeux, que ces fecrets étoient
comme perdus pour la Phyfique.
La Chymie de nos jours nous
révéle & les fecrets de l'ancienne,
& les fecrets qu'elle découvre
elle-même. Elle n'a rien de myf-
térieux, elle fait fes opérations
avec méthode; elle nous dit en
termes, qui n'ont rien d'énig-
matique, comment on opére
fur les Minéraux, fur les Vége-
taux & fur les Animaux; comment on fait l'analyfe, comment
on en difcerne l'efficace, foit pour
piquer la curiofité de l'efprit, ou
pour guérir les maladies du
Corps. Par exemple, 1. » Prenez

» une once de chaux vive, & de-
» mi-once d'orpiment : pulveri-
» sez-les ; & les ayant mêlés,
» mettez votre mélange dans un
» matras : versez dessus 5 ou 6 on-
» ces d'eau, en sorte qu'il y en ait
» pour surpasser de 3 doigts la
» poudre. Bouchez bien votre
» matras avec du Liége, de la
» Cire & de la Vessie : mettez-
» le en digestion sur un petit feu
» de sable pendant dix ou douze
» heures, remuant de temps en
» temps le matras. Laissez ensui-
» te reposer la Matiére : la Li-
» queur sera claire comme de
» l'Eau commune.

» Ayez un livre de la grosseur de
» quatre doigts, ou même plus
» gros, si vous voulez : avec de
» l'impregnation de Saturne,
» (c'est-à-dire, avec de la disso-
» lution de Plomb réduit en Sel
» par l'acide du Vinaigre)écrivez

» fur une premiere feüille , ou
» bien , mettez entre les feüilles
» un papier, où vous aurez écrit ;
» tournez le livre, & ayant remar-
» qué , à peu-près, l'oppofite de
» votre écriture , frottez fur la
» derniére feüille avec un coton
» imbu' de la liqueur faite avec
» la Chaux & l'Orpiment ; laiffez
» même le Coton fur l'endroit :
» mettez auffi-tôt un double pa-
» pier deffus ; & ayant fermé
» promptement le livre, frappez
» deffus avec la main quatre ou
» cinq coups ; tournez-le enfuite,
» & le mettez en quelque lieu
» à la preffe pendant un demi
» quart d'heure ; retirez-le & l'ou-
» vrez, vous verrezque votre écri-
» ture qui étoit invifible, paroîtra.
» La même chofe arrivera au tra-
» vers d'une muraille , pourvû
» qu'on ait foin de mettre quel-
» ques Planches contre les deux

A a ij

» côtés qui empêchent l'évapora-
» tion des esprits (1): » & l'expérience chymique vous fera comprendre tout à la fois les écoulemens des Fluides, la ténuité,
la volatilité de leurs particules,
leurs rapports, leur sympathie,
pour ainsi dire, & la porosité des
Corps les plus épais & les plus
solides.

2. Faites dissoudre dans de
l'Eau commune une partie de
Sel Marin : ajoutez-y trois parties
de Chaux. Que le mélange boüil-
le. Filtrez-le. Laissez évaporer
la liqueur jusques à ce qu'il pa-
roisse une Pellicule sur l'Eau.
Puis versez-la dans un Verre.
Dans un autre Verre, mettez de la
dissolution de Sel de Tartre; mêlez
les deux dissolutions. (2) Remuez

(1) Lemery Chy-
mie 1713. *p.* 389.
(2) Journal

des Sc. 1698. 1.
Nov. Poliniere 3e.
Ed. *p.* 404.

le mélange avec un petit bâton plat ; pressez-le avec la main : les Acides du Sel Marin s'embarasse-ront dans les Alkali du Sel de Tartre ; la Chaux & l'Eau s'y trou-veront accrochées. Et vous vous verrez dans la main une sorte de Pierre blanche qui vous fera concevoir de quelle maniére la Nature s'y prend pour former des Sucs différents, les Pierres, & dans le sein de la Terre, & dans le Corps humain.

3. Sur une demi-once d'Huile de Girofle versez un peu plus de demi-once d'esprit de Nitre fu-mant : & du milieu du mélange liquide & froid, il jaillira tout-à-coup une flamme qui vous fera voir comment un mélange d'ex-halaisons s'allume dans la nuë, & produit l'Eclair & la Foudre.

On veut s'assûrer que les fer-mentations soûterraines allument les feux soûterrains, & causent les tremblemens de Terre (1). On fait une pâte de parties égales de Soufre pulverisé, & de limaille de fer détrempé dans de l'Eau. L'on met environ cinquante livres de ce mêlange dans un Vase qu'on enfoüit en Terre à un pied de profondeur. Au bout de huit à neuf heures, la Terre se gonfle, s'éleve, s'entr'ouvre ; voilà des exhalaisons chaudes qui sortent de la Terre entr'ouverte, & qui sont suivies de flamme. Et vous voyez tout à la fois dans un petit Ethna l'origine des Volcans & des Tremblemens de terre.

Irons nous encore, Ariste, des Feux soûterrains à la Mer ? Le Flux & le Reflux, est un Phénomene toûjours nouveau, qui

(1) M. Lemery.

méritoit bien des observations
également exactes & nouvelles.
Aussi , d'habiles Académiciens
ont-ils réüni leurs lumiéres pour
faire une espéce d'art d'observer
ce Phénomene dans les ports de
Mer. Deux Académiciens ,
sçavoir M. de la Hire & le P.
Gouye le redigérent. Selon les
régles de cet Art : 1. " On
" choisira dans le port un lieu à
" l'abri, & où la Mer n'ait d'au-
" tre mouvement que celui du
" Flux & du Reflux. On y plan-
" tera un Poteau gradué de demi-
" pouce en demi-pouce , avec
" des lignes paralleles à chaque
" division. 2. A chaque Marée,
" on marquera dans un Journal
" à quelle ligne du poteau la
" Mer tout-à-fait haute, ou tout-
" à-fait basse, aura donné. 3. On
" marquera aussi par le moyen
" d'une Montre bien réglée, à

» quelle heure , & à quelle mi-
» nute la Mer aura paru fur le
» poteau tout-à-fait haute , &
» tout-à-fait baſſe. 4. On obſer-
» vera le Vent (1) «.

On a mis ces régles en prati-
ques ; & par les obſervations que
l'on a faites pendant pluſieurs
années , dans les Ports de Dun-
kerque, du Havre, de l'Orient ,
& de Breſt , on a jugé que la
Marée répond , non-ſeulement
à la diſtance de la Lune , mais à
la déclinaiſon - même de cet
Aſtre , & que dans les nouvelles
ou pleines Lunes de l'Eté , les
Marées du ſoir ſont plus grandes
que celles du matin ; que dans les
nouvelles ou pleines Lunes de
l'Hyver , les Marées du matin
ſont plus grandes que celles du

(1)Hiſtoire de|des Sciences. 1701.
l'Académie Royale|*p.* 11.

ſoir.

foir. Il est difficile après cela , de ne point reconnoître dans la Lune la cause principale du Flux & du Reflux. Et si l'on voit des Fontaines augmenter ou diminuer selon les différentes Phases de la Lune, on conçoit assez que cette espéce de sensibilité vient de la communication que les Fontaines ont avec la Mer, qui paroît si sensible aux Phases de la Lune.

L'Anatomie récente nous donne par ses observations & ses expériences des connoissances qui nous touchent de plus près. Pequet découvrit dans un chien un réservoir qui recevoit le Chyle immédiatement des Veines-lactées , pour le verser dans le Canal Thorachique, & il conjectura que c'étoit la même chose dans l'Homme. Quelque temps après, un autre Anatomiste faisant la diffection d'un homme qui venoit de mourir d'une mort violente, preffa les Veines-lactées, & le Chyle tint la même route aux yeux d'une affemblée nombreufe. Enfuite , M. Dionis vit & fit voir le même effet, à peuprès , dans un faux Monoyeur qu'il avoit fait régaler quelques heures auparavant , & qui venoit d'expier fon crime. N'eft-ce pas à de pareilles obfervations, à de pareilles expériences, Arifte , que nous devons, en partie, la connoiffance de nous-mêmes?

Si nous n'ignorons pas que le fon fait cent quatre-vingt toifes dans une feconde, & qu'il fe répand à la fin avec la même vîteffe qu'au commencement , nous en fommes redevables aux nouvelles obfervations d'Acouftique.

Les nouvelles expériences

d'Optique font-elles moins curieufes ou moins utiles? On mêle
deux liqueurs tranfparentes, par
exemple, de l'Huile de Tartre &
de la diffolution de Sublimé cor-
rofif; le mélange eft rouge. Sur
ce mélange, vous verfez de l'efprit de Sel Armoniac; le mélange eft blanc comme du lait.
Verfez fur le mélange blanc de
l'Efprit de Nitre : la couleur eft
effacée, & le mélange eft tranf-
parent. Après cela, n'eft-il pas évident que les couleurs, loin d'être
des qualités attachées aux objets
colorés, ne font que des jeux
de la Lumiére? Auffi M. Neuton
féparant, réüniffant & affortiffant
à fon gré, les rayons avec des
Prifmes & une Loupe, fait les couleurs qu'il veut. Cette fépa-
ration & cette réünion de la
lumiére eft l'effet d'une adreffe
& d'une fagacité fi merveilleufe,

que Platon la croyoit au-deſſus
de la portée de notre intelligence.
Il n'imaginoit pas qu'un homme
pût ſçavoir au juſte en quelle
proportion le mélange de certaines couleurs primitives doit donner d'autres couleurs. „ Si quel-
„ qu'un, dit-il, eſſayoit de le déter-
„ miner, il faudroit qu'il igno-
„ rât la différence qu'il y a entre
„ la nature humaine & la nature
„ Divine. Dieu peut réünir plu-
„ ſieurs choſes en une, il peut en
„ diviſer une en pluſieurs, parce
„ qu'il ſçait & peut au même-
„ temps. Mais il n'y a point
„ d homme à préſent, & jamais
„ il n'y en aura, qui puiſſe faire
„ l'un ou l'autre (1) „. Cepen-

„ (1) Alii porrò | rias formas re- «
„ colores horum | præſentant.. , , «
„ indicatione ma- | quod ſi quis hæc «
„ nifeſti ex:quorum | ita ratione con- «
„ mixtionibus va- | ſideraverit , ut- «

dant, à force d'observations & d'expériences on a trouvé l'art de le faire. On divise un rayon en plusieurs ; on réünit plusieurs rayons en un. Et les rayons séparés ou réünis différemment, donnent les différentes couleurs que l'on souhaite.

Quels Rayons tracent dans notre œil les couleurs de l'Arc-en-Ciel ? M. Rohault place trois Boules de Verre pleines d'Eau, les unes au-dessus des autres. La plus élevée fait avec l'Axe de

» reipsâ experi-» mentum capere » velit, ille nimi-» rum humanæ & » divinæ naturæ » discrimen igno-» raverit. Deum » videlicet multa » in unum com-» miscere, & rur-» sus ex uno in multa posse dif-« folvere ; morta-« lium autem ho-« minum nemo ne-« que hoc tempore, « neque in poste-« rum, alterutrum « queat. » *Platonis Timæus. Serrani p.* 68. *C. D. tom.* 3.

vision un angle de 41 degrés, 46 minutes, environ ; celle du milieu, un angle de 41 degrés, 30 minutes ; la plus basse, un angle de 41 degrés, 14 minutes : la plus élevée donne du Rouge, celle du milieu, du Jaune, celle d'en-bas, du Bleu. La même boule placée successivement dans ces trois situations différentes donne ces trois couleurs. Par conséquent, dans l'Arc-en-Ciel intérieur, les Rayons rouges sont ceux qui font avec l'Axe de vision un angle de 41 degrés, 46 minutes, environ ; les Rayons jaunes, ceux qui font un angle de 41 degrés, 30 minutes ; les Rayons bleus, ceux qui font un angle de 41 degrés, 14 minutes. Dans l'Arc-en-Ciel intérieur, artificiel, vous couvrez le dessus des Boules pleines d'Eau ; point de couleurs. Donc les Rayons entrent par la partie supérieure dans l'Arc-en-Ciel artificiel, & par la partie supérieure des gouttes d'Eau dans l'Arc-en-Ciel naturel. Dans l'Arc-en-Ciel extérieur artificiel, vous couvrez avec du papier la partie inférieure des Boules de Verre ; point de couleurs. Donc les Rayons entrent par la partie inférieure des Boules de Verre dans l'Arc-en-Ciel extérieur artificiel, & par la partie inférieure des goutes d'Eau dans l'Arc-en-Ciel naturel. Ainsi les expériences & les observations nous découvrent les routes imperceptibles & les détours des Rayons pour offrir à nos yeux tant de belles couleurs.

Les Rayons passant par quelques morceaux de Verre, ou ronds, ou lenticulaires, ont paru grossir les objets. On s'est avisé d'user avec du Sable de petits

morceaux de Verre ou de Criſtal, & de les figurer en Lentille.
Ou bien, on a pris avec le bout
d'une Aiguille humeĉtée de ſali-
ve, un petit morceau de Verre ou
de Criſtal ; on l'a mis auprès de
la flamme d'une Bougie, comme
l'on fait encore ; le Verre ou le
Criſtal s'eſt fondu, l'Air l'a arron-
di. De-là, le Microſcope. Au
bout d'un Cylindre creux on in-
ſerre une Lentille entre deux
plans percés par le milieu. La
lumiére qui vient par le Cylindre & traverſe la Lentille, groſſit les objets, & nous découvre
autant d'eſpéces d'Animaux imperceptibles à la ſimple vûë, qu'il
y en a de ſenſibles ſur la ſurface
de la Terre.

La Botanique, auſſi-bien que
l'Optique a ſes obſervations,
ſes expériences nouvelles. Par
exemple, tantôt elle coupe un

morceau d'une branche d'Orme; elle ajuſte au bout, qui regardoit le tronc, un entonnoir ; l'Eau ne ſe filtre point par ce bout-là ; l'eſprit de vin y pénétre : Tantôt trouvant un Arbre qui porte ſur deux racines élevées hors de la Terre d'un pied & demi; elle coupe la racine près de la Terre, enforte que la Terre ne puiſſe lui fournir de Suc. Quelquefois elle déracine pluſieurs Plantes branchuës de même eſpéce. Elle met une branche d'une de ces Plantes dans l'Eau ; l'autre branche de cette Plante porte des feüilles. Toute la Plante ſe conſerve, tandis que les autres meurent. Que découvre-t'on par ces obſervations, par ces expériences? 1. Qu'il y a dans les Plantes des canaux montants, & des canaux deſcendants. 2. Que les Sucs des Plantes montent & deſcendent. 3. Que ces Sucs descendent & montent; qu'enfin les Sucs nourriciers circulent dans les Plantes, à peu-près, comme le Sang dans le Corps des Animaux. La belle découverte des fleurs du Corail n'est-elle pas récente (1) ? Ainsi les expériences & les observations récentes ont d'autant plus enrichi la Physique & la Science la plus curieuse, que les Physiciens Modernes ont pris soin, comme M. Boyle, de rapporter les circonstances de leurs expériences & de leurs observations, & d'en marquer le temps & le lieu, de faire connoître les instrumens qu'ils ont employés, & la maniére dont ils s'en font servi (2).

(1) On la doit à M. le Comte Marsigli.

(2) Les observations & les expériences font utiles quand on les fait dans la vûë, non de favoriser un Systême pour

Voyons un vent rapide sortir de l'orifice d'une Eolipile à moitié pleine d'Eau : nous y remarquerons l'origine des Vents.

Portons nos regards plus haut ; & avec les nouvelles Lunéttes, nous verrons quatre nouvelles Planetes autour de Jupiter , cinq autour de Saturne , sans parler de l'Anneau de Saturne & des nouvelles Etoiles qui s'offriront à nos yeux. Ou plûtôt, lequel on est prévenu , mais d'en tirer les Lumiéres qu'elles peuvent donner ; lorsqu'on les réitére , qu'on les fait en divers temps, en divers lieux , & sur diverses matiéres , à doses différentes. Et si l'on nous marque les circonstances où elles n'ont pas réüssi, les circonstances où elles ont reüssi , l'on nous apprend deux choses à la fois, à ne point perdre de temps, & à découvrir la vérité; caractére de beaucoup d'observations ou d'expériences récentes.

Ariste, après avoir vû en général comment les observations & les expériences ont enrichi la Physique nouvelle ; voyons en particulier, ce que la Physique nouvelle doit aux instrumens nouveaux. Mais cette Lettre est assez longue. Demain, à recommencer. Je suis bien aise de me ménager toûjours quelque occasion de vous redire que je suis &c.

VINGT - TROISIE'ME LETTRE.

EUDOXE A ARISTE.

Ce que la Physique Nouvelle doit aux Inftrumens nouveaux.

QUels font ces inftrumens nouveaux, dont je veux parler fur tout ? Quels en font les Inventeurs, & quand les a-t'on inventés ? Comment ont-ils enrichi la Phyfique, de quel ufage font-ils pour la perfection de cette fcience ? Nous retoucherons en détail, Arifte, ce que nous avons effleuré.

1. Ces Inftrumens nouveaux font le Téléfcope, le Microfcope, le Tuyau de Toricelle, & la Machine Pneumatique.

2. Un certain Zacharie Janfen

inventa le Télescope & le Microscope vers la fin du XVI. Siécle (1) ; Toricelle, le Tuyau qui porte son nom, vers le milieu du XVII. Siécle ; Otton de Guéricke, la Machine du Vuide quelque temps après.

Zacharie Jansen étoit Hollandois, de Migdelbourg en Zélande, faiseur de Lunettes. Le hazard qui fait un grand nombre des plus belles découvertes, eut beaucoup de part à celle de Jansen (2). Il mit, je ne sçai comment, deux verres de Lunettes

(1) Selon les recherches de Pierre Borelli, qui a composé un ouvrage exprès sur l'inventeur du Télescope. Dictionnaire de Trevoux sur le mot *Téles*cope. tom. 3.

(2) Hist. Acad. 1666. p. 6. *Miscellanea curiosa medico-physica Academiæ naturæ curiosorum* 1670. tom. I. p. 40. 41.

vis-à-vis l'un de l'autre à une certaine distance. Il s'apperçut que dans cette situation les deux verres grossissoient considérablement les objets. Il fixa les verres dans une pareille situation ; & dès l'an 1590. il fit une Lunette de 12 pouces. Telle est l'origine du Télescope, que l'on perfectionna dans la suite. L'inventeur du Télescope fit en petit, à peu-près, ce qu'il avoit fait en grand ; & telle est l'origine du Microscope.

Toricelle étoit Mathématicien du Duc de Florence , & Successeur de Galilée , qui mourut en 1642 (1). Galilée vouloit que l'efficace de l'Horreur du Vuide fît monter & soûtint l'Eau dans les Pompes aspirantes à trente-deux pieds, environ, & que cette

______

(1) Moreri. Galilée Galilei.

efficace célébre fût fixée-là. En
1643, Toricelle essaya l'efficace
de cette Horreur imaginaire
dans le Vif-argent. Il fit faire un
Tuyau de verre de trois ou quatre pieds, fermé hermétiquement
par un bout. Il le remplit de vif-
argent & le renversa, comme on
le renverse encore. Le vif-argent
descendit : mais il demeura côm-
de lui - même à la hauteur de
vingt-sept à vingt-huit pouces.

Otton de Guericke, Consul
de Magdebourg, forma le dessein
d'essayer une sorte de vuide bien
plus grand que celui du Tuyau
de Toricelle. Il fit donc faire un
grand Vase de verre, rond,
ayant une ouverture assez étroite
dans la partie inférieure, avec
une Pompe & un Piston, pour
tirer l'air du Vase Et c'est l'origine de la Machine Pneumatique.

3. Nous avons assez compris,
ce

ce semble , dans la suite de nos Entretiens Physiques , Ariste , & nous nous rappellerons aisé-ment de quel usage ont été ces Instrumens nouveaux, ces nou-velles Machines , pour la perfec-tion de la Physique ; comment ils y ont répandu la Lumiére.

Quand on voit le Mercure descendre ou monter dans le Tuyau de Toricelle à la hauteur de vingt-sept à vingt-huit pouces environ , tantôt plus , tantôt moins , selon la température de l'air , tandis que l'Eau s'éléve à la hauteur de trente-deux pieds environ : on ne peut douter qu'un poids extérieur & invisible ne soutienne à des hauteurs différen-tes le Mercure & l'Eau ; & que ce poids invisible ne soit le poids de l'Air. Voilà donc la pesan-teur de l'Air démontrée.

Je courbe par en bas le Tuyau

de Toricelle: c'eſt un Barométre où le Mercure deſcend, lorſque nous ſommes menacés de Pluye, & monte quand le temps devient ſerein. Par-là, je vois dans l'avenir la Pluye ou le beau temps. Je puis prévenir les incommodités de la pluye, ou ſaiſir les avantages du beau temps. Et puiſque l'air peſe plus dans un temps ſerein, je conçois qu'alors il y a plus de vapeurs dans l'Air, mais que les vapeurs y ſont plus élevées, & répanduës dans de plus grands cercles de l'Atmoſphére.

Veut-on connoître la hauteur de l'Atmoſphére-même ? On porte un Barométre ſur le bord de la Mer, on s'en éloigne, on ſe trouve plus élevé ; le Mercure eſt plus bas à proportion ; & la deſcente proportionnelle du Mercure dans un Air qui ſe raréñe par l'efficace de son ressort , & diminuë de pesanteur , fait conjecturer que l'Atmosphére peut avoir 15 à 20 lieuës de hauteur.

Voulez-vous voir cent effets divers du ressort & de la pesanteur de l'Air ? La machine Pneumatique les offre à vos yeux. Faites pomper l'Air du Récipient : le Récipient demeure opiniâtrément collé sur la platine, pour faire voir le poids de l'Air supérieur. Qu'on éleve le Récipient avec une poulie : toute la Machine le suivra, comme si des liens invisibles l'y tenoient attachée , pour faire voir l'action de l'Air en tous sens.

Demandez-vous quelque trait du ressort de l'Air ? Il dilate dans le Récipient une vessie flasque , jusques à la crever. Doutez-vous que les Corps soient impregnés

d'Air ? Une Pomme ridée s'y dé-
ride jufques à reprendre la frai-
cheur d'un fruit nouveau, pour
montrer l'efficace du reſſort de
l'Air, qu'elle enferme dans fon
fein.

L'Eau-même feroit-elle impregnée d'Air ? Un verre à moitié
plein d'Eau tiede, bouillonne tout-
à-coup dans le Récipient. N'eſt-ce
pas l'Air intérieur qui pour fe mettre en liberté, produit un bouillon-
nement fi fubit & fi fenfible ? De-
là, l'on peut foupçonner le reſſort
de l'Air d'être la caufe principale
des effets violents de la Poudre
à Canon, & le regarder comme
une forte d'Agent prefque univerfel.

Portons-nous nos regards plus
haut? Le Télefcope approche les
Cieux de nos Sens, groſſit les objets, les multiplie, & nous découvre ce qui fe paffe dans des Aſtres

que la Nature avoit cachés à des distances immenses.

Galilée perfectionna le Télescope au commencement du dernier siécle. Et bientôt il vit autour de Jupiter quatre Planetes que l'on n'avoit point vûës auparavant. Quelque temps après, Campani sçut ajoûter quelques degrés de perfection au Télescope ; & le Télescope offrit aux yeux de M. Hugens une Planete qui tournoit autour de Saturne, & quatre autres Satellites de Saturne, aux yeux de M. Cassini le Pere.

Au Télescope on voit distinctement des taches dans le Soleil, des taches dans Jupiter, des taches dans Mars, des taches dans Venus. Et par la disparition & le retour successifs de ces taches, nous sçavons que Venus, Mars, Jupiter & le Soleil font leur ré-

volution fur eux-mêmes dOcci-
dent en Orient; Venus, en vingt-
quatre jours & huit heures environ (1); Mars, en 24. heures
40. minutes (2); Jupiter, en neuf
heures cinquante-fix minutes, ou
en 10. heures environ; le Soleil, en
vingt-cinq jours & demi.

Nous apprenons par le Télefcope que telle lumiére célefte,
que nous regardions précifément comme une Etoile, eft
un amas de plufieurs Etoiles que
la fimple vûë ne diftingue point.
Nous fçavons par le Télefcope
que telle conftellation, qui pré-
fentoit à nos yeux auparavant
un petit nombre d'Etoiles, en a
des milliers. Le Télefcope a

(1) Selon les obfervations de M. Bianchini. mem. de Trevoux. *Juin.* 1729. *p.* 1038.

(2) Selon les obfervations de M. Maraldi. *Mem de l'Acad.* 1720. *p.* 146.

pour ainsi-dire, peuplé les cieux de nouvelles Etoiles.

Le Microscope ne va pas dans les Cieux chercher des objets nouveaux pour piquer la curiosité de l'esprit. Mais le Microscope nous en découvre plus de petits autour de nous, que le Télescope ne nous en découvre de grands dans les Cieux.

Que nous voyons de petits objets, que les Anciens ne voyoient pas ! A la faveur du Microscope nous observons dans les Corps solides mille & mille petits trous, inaccessibles aux yeux des Anciens. Les Anciens ne voyoient dans la surface des Corps polis, d'une bille d'yvoire, par exemple, qu'une surface unie & par-tout égale ; & nous y voyons des inégalités, des creux, des Vallées, de Côteaux, des Rochers escarpés, des Monta-

gnes. Nous appercevons dans
les Corps transparents, dans le
Verre en particulier, cent couleurs différentes, où les Anciens
n'en appercevoient aucune. Aux
yeux des Anciens la pointe d'u-
ne Aiguille étoit une pointe,
une pointe unie & déliée : à nos
yeux c'est quelque chose d'irré-
gulier, d'échancré, de raboteux,
d'émoussé, de grossier. Les Anciens ne remarquoient rien dans
un Air pur & serein ; & nous y
remarquons des exhalaisons, des
sels divers, dont nous détermi-
nons la figure, & dont la figure,
apparemment, altére souvent la
santé. Essayons-nous de faire l'A-
natomie des Plantes ? Nous y
découvrons aisément les Vaisseaux divers, les Utricules, les
Trachées, les Fibres, les Orifi-
ces-mêmes des Fibres. Et combien de fois avons-nous vû jusques

que dans la moisissure, des espéces de Parterres fleuris, ou de
Vergers abondants en fruits ?
Les Artéres du Corps humain
ont beau diminuer & devenir
insensibles ; on les suit dans leurs
détours inconnus à l'Antiquité ;
& l'on en a conduit, du moins,
quelques-unes jusques à leur in-
sertion dans les Veines ; ce qui
nous apprend la route du sang
dans la Circulation. Voulons-
nous voir le sang circuler? Sur un
Verre transparent, & qu'on place
entre une bougie & le Microfcope, nous mettons le méfentére
étendu d'une Grenoüille vivante,
ou la queuë d'un Tétard. Nous
y voyons le sang de ces Animaux
froids circuler rapidement par
des mouvemens contraires dans
les Veines, & dans les Artéres ; &
nous concevons avec quelle vîtesse il doit circuler dans les

Tome III. Dd

Vaisseaux de notre Corps. Voulons-nous faire l'Anatomie d'un insecte à peine sensible? Le Microscope en grossit les membres, pour les rendre accessibles au tranchant desinstrumens de l'Art. S'agit-il de voir des insectes invisibles ? Nous en voyons au Microscope des milliers nager, courir, s'élancer librement dans la centiéme partie d'une goute d'Eau. Leuwenoek dit qu'il en a vû 50000 dans une goutte de liqueur fort mince. Et à peine est-il une sorte de Minéral, ou de Plante, qui, étant infusée, ne donne une espéce particuliére d'insectes que le Microscope seul nous fait voir.

C'est-à-dire, en un mot, Ariste, que nous devons au tuyau de Toricelle & à la Machine Pneumatique, la connoissance de l'Atmosphére ; au Télescope

la connoiſſance des Cieux , du
moins en partie , au Microſcope
la connoiſſance d'un petit Monde nouveau, renfermé dans l'Ancien Monde. Et c'en eſt aſſez
pour comprendre ce que la
Phyſique Nouvelle doit aux In-
ſtrumens nouveaux. Que doit-el-
le à l'inſtitution des Académies ?
C'eſt aſſurément la Matiére d'u-
ne aſſez longue Lettre ; & aujourd'hui, ie n'ai que le temps de
vous dire encore que je ſuis &c.

VINGT-QUATRIE'ME LETTRE.

EUDOXE A ARISTE,

Ce que la Physique Nouvelle doit à l'établissement des Académies.

VOus le sçavez, Ariste, les Académies, dont il s'agit, sont des assemblées de personnes éclairées, qui réünissent leurs lumiéres, pour perfectionner les Arts, ou les Sciences, & la Physique en particulier. Le dernier Siécle vit naître, presqu'au même temps quatre Académies célébres, qui s'élevérent sous la protection des Princes ; une à Florence, une en Angleterre, une en France, une en Allemagne. On appella celle de Florence, l'Académie *Del Cimento,*

(1), celle d'Angleterre , la Societé Royale d'Angleterre ; celle de France , l'Académie Royale des Sciences ; celle d'Allemagne , l'Académie des Curieux des Secrets de la Nature.

Avant le milieu du dernier Siécle, Defcartes, Gaffendi, de Roberval , Hobbes, Pafchal , & d'autres grands Phyficiens avoient eu des entretiens fur la Phyfique chez le Pére Merfenne, à Paris (2). Dès l'An 1652,des Medecins,des Phyficiens d'Allemagne, fe faifoient part de leurs Obfervations , de leurs décou-

» (1) (Miffâ) *forum. an.* 1. 1670.
» novâ experimen- *p.* 3.
» tali focietate Flo-   (2) *Regia fcien-*
» rentiæ del ci- *tiarum Academiæ*
mento. « *Mifcella- Hiftoria. lib.* 1.
nea curiofa Medico- p. 7.
Phyfica Acad. curio-

vertes, & de leurs penſées (1).

Vers la fin de la Domination du fameux Cromwel, pluſieurs illuſtres Anglois, qui pendant les troubles d'Angleterre s'étoient livrés à la ſcience de la Nature, afin qu'on ne les ſoupçonnât point de ſe mêler des affaires, ou de remuer, commencérent à ſe réünir en une ſorte d'aſſemblée reglée à Oxfort (2).

A Paris, on faiſoit des Conférences phyſiques, & chez Mr. de Montmort, & chez Mr. Thevenot. Mais ce n'étoient pas des

» (1) Tandem » anno 1652 initium factum fuit » hujus germanici » Collegii. *Miſcellanea curioſa Medico-Phyſica Academia natura curio-* *ſorum.* 1671. *tom.* 2. *Hiſtoria . . . ortus Acad . . nat. curioſ. p. 3.*

· (2) *Regiæ ſcientiarum Academiæ Hiſtoria. lib.* 1. *p. 8.*

Affemblées établies ou protegées par l'autorité du Prince, & où l'on fe trouvât par devoir.

En 1662, ou en 1663, environ, l'Affemblée des Phyficiens Anglois fut érigée en Académie par l'autorité de Charles II. fous le titre de Societé Royale d'Angleterre, & elle eut fes Priviléges (1).

Quelques années après, la France eut, comme l'Angleterre, une Académie de Phyficiens & de Mathématiciens. Louïs le Grand fit une Paix glorieufe ; & auffi tôt il forma le deffein d'établir l'Académie des Sciences, pour perfectionner les anciennes découvertes, qui pou-

(1) Mifcellanea curiofa Medico-Phyfica Academiæ naturæ curioforum | tom. I. 1670. p. 2. Lipfiæ. Reg. fcient. Acad. Hiftoria. lib. I. p. 9.

D d iiij

voient être utiles au Public, pour en faire de nouvelles, & pour discerner le caractére de celles qui pourroient se faire. Mr. Colbert ayant été chargé par le Roi de l'exécution de ce projet, résolut de choisir des personnes versées en divers genres de Sciences; mais qui fissent profession de s'appliquer à une sorte de Science en particulier. Il choisit d'abord six ou sept habiles Géométres; Mrs. de Roberval, Hugens, Auzout, & & Picard étoient de ce nombre. Il y ajoûta bientôt autant environ, d'habiles Physiciens, sçavoir, Mrs du Hamel, de la Chambre, Perrault, du Clos Chymiste, Marchand Botaniste, Pequet Anatomiste &c. Et le 22e. Décembre 1666, les Géométres & les Physiciens se trouvérent réünis dans une Chambre de la

Bibliothéque du Roi (1).

Le Roi fe déclara le Protecteur de la nouvelle Académie, lui accorda des Priviléges, fournit à la dépenfe des Inftrumens, fit conftruire le magnifique édifice de l'Obfervatoire, & fixa des penfions pour les Académiciens. Et les Académiciens fenfibles au choix que l'on avoit fait d'eux, & aux effets de la libéralité du Roi, firent bientôt des ouvrages dignes d'une Académie honorée de la protection & des bienfaits d'un fi grand Monarque.

En 1670. l'Empereur (2) frappé du fuccès des Académies

(1) *Ibid p. 4. 5.* *cademiæ naturæ cu-*
Hift. de l'Ac. 1699 *rioforum* 1670. *tom.*
p. 14. *2. Acad. Naturæ*
(2) Leopold 1. *curioforum leges.*
Mifcellanea curiofa l. 3.
Medico-Phyfica A-

d'Italie, d'Angletere & de France, anima l'Académie d'Allemagne en lui faisant espérer sa protection. Jusqu'alors cette Académie n'avoit fait que languir, ce semble (1) : Mais elle commença la même année à donner au Public ses mélanges curieux, ou ses observations de Médecine & de Physique, d'Anatomie, de Botanique, de Chymie.

L'Académie Royale des Sciences se distinguoit parmi les Académies de l'Europe. Néanmoins, il lui manquoit quelque chose. Elle avoit été formée par les ordres du Roi : mais sans aucun acte émané de l'Autorité

____

» (1) Fatemur hoc naturæ curiosorum collegium diu in infantiâ hæsisse ob..... Collegarum distantiam, patronorum defectum &c. « *ibid. tom.* I. *p.* 3. 1670.

Royale. Pour rendre l'Académie
également utile & durable, il
falloit lui donner des loix plus
précises, & lier les Académiciens par des liens plus indissolu-
bles. Sa Majesté donna donc,
pour ainsi-dire, une nouvelle
naissance à l'Académie en 1699.
par de nouveaux réglemens.

Selon ces réglemens, l'on n'est reçu dans l'Académie, que par l'agré-
ment du Roi. L'Académie a trois
Géométres, trois Astronômes,
trois Méchaniciens, trois Anato-
mistes, trois Chymistes, trois Bota-
nistes, un Secretaire, un Thrésorier;
tous pensionnaires du Roi. Les
Pensionnaires doivent s'assembler
deux fois chaque semaine; à chaque assemblée, on leur distribuë
40 Jettons. Deux Pensionnaires y
lisent leurs observations, leurs
réflexions, leurs Mémoires sur
une matiére de leur ressort; &

ils profitent des lumiéres de ceux qu'ils éclairent. Ils ont des aſſociés & des éleves, qui ſe forment dans le ſein de l'Académie; & l'Académie a toûjours dans elle-même dequoi ſe réparer. Elle a huit places pour des Aſſociés étrangers. Enfin les ouvrages des Académiciens leur attirent de la part du Prince, qui fournit aux dépenſes néceſſaires pour les obſervations & les expériences, des gratifications proportionnées(1).

Par ces réglemens, l'Académie eſt un corps établi, protegé, gratifié par l'autorité Royale, & qui ſe voit entre les mains les moyens les plus efficaces pour enrichir la Phyſique.

Bologne vit naître dans ſon

______

(1) Hiſt. de ſciences. 1699.
l'Acad. Royale des

sein en 1690. une Académie de Philosophes , qui partagérent entre eux les Sciences qui regardent les Mathématiques & la Physique (1). Cette Académie prit une nouvelle face en 1712. par les soins & par la générosité de M. Marsigli , qui l'a comblée de richesses Physiques (2).

On peut voir, ce semble, Ariste, dans l'établissement seul des

(1) Jounal litteraire de l'année 1732. à la Haye. *tom.* 19. *p.* 297. 298. *&c.*

(2) On nomme cette Académie l'Institut des Sciences & des Arts de Bologne. M. le Comte Marsigli lui donna en 1712 & la forme qu'elle a , & toutes les différentes pieces qui peuvent servir à l'Histoire naturelle ; les instrumens nécessaires aux observations Chymiques, Astronomiques &c. *Hist, de l'Acad.* 1730. *p.* 139.

Académies & par quels endroits & combien elles ont dû servir au progrès de cette Science.

En effet, 1. on n'y associe que des personnes éclairées & distinguées dans quelque partie de la Physique ou des Mathématiques. Et quels hommes y a-t'on vû ? On a vû dans les Académies de Rome, ou de Florence les Galilées, les Toricelles, les Rhedis ; dans la Societé Royale d'Angleterre, les Boyles, les d'Oldenbourgs, les Vallis, les Neutons, &c. dans l'Académie Royale des Sciences, les Hugens, les Perraults, les Caſſinis, les Mariotes, les de la Hire &c. Je ne parle point de ceux qui ſont en vie, les écrits qu'ils donnent chaque année au Public, & l'Hiſtoire de leurs écrits vous les font aſſez connoître.

2. Les penfions qui délivrent l'efprit de bien des foucis , lui donnent la liberté,qu'il faut,pour chercher & découvrir la vérité.

3. Ces hommes choifis , éclairés , libres de foucis font occupés à chercher la vérité dans la Nature-même par les obfervations & les expériences. C'eft en obfervant,en imitant la Nature , qu'on la force à révéler fes myftéres.

4. Les Académiciens étant deftinés à s'appliquer, fur-tout , à quelque partie de la Phyfique chacun, le Chymifte à la Chymie,l'Anatomifte à l'Anatomie , le Botanifte à la Botanique , le Méchanicien à la Méchanique , l'Aftronôme à l'Aftronomie , ils ont le loifir d'approfondir l'objet de leurs recherches , & de fuivre d'autant plus exactement

la Nature dans ſes détours, qu'ils
n'ont à la ſuivre, que dans une
certaine Sphére.

5. Comme ils ſe communi-
quent leurs obſervations, leurs découvertes, leurs réflexions dans
des aſſemblées ſecretes pour
éclaircir librement leurs penſées,
ils peuvent profiter des lumiéres
les uns des autres, & rectifier
leurs propres penſées à l'avantage de la vérité, ſans que la ré-
putation de perſonne en ſouffre
aucune atteinte.

6. Leurs recherches, leurs obſervations, leurs découvertes
particuliéres étant réünies dans
le recueil de leurs Mémoires, ou
dans l'Hiſtoire de leurs écrits,
ce ſont d'excellents matériaux
pour un ſyſtême général.

7. Les gratifications extraordi-
naires, qu'attirent les ouvrages
d'un

d'un certain caractére , piquent l'efprit, animent au travail, & en diminuent la fatigue. L'art de convertir le Fer en Acier a valu douze mille livres de rente à un habile Académicien (1).

8. Les Places d'Affociés pour les étrangers ou d'Académiciens honoraires , foit dans l'Académie Royale des Sciences , foit dans la Societé Royale d'Angleterre , font capables de répandre l'émulation par-tout , & dans toutes les conditions.

Voilà bien des moyens également efficaces & récents pour la perfection de la Phyfique. En verrons-nous quelques effets, Arifte ? Nous en avons déja touché plufieurs. Si Galilée perfectionna le Télefcope , comme

(1) L'Art de convertir le Fer en Acier. Preface.

nous l'avons dit, s'il découvrit les Satellites de Jupiter, & les Phases de Venus ; si Toricelle anéantit l'horreur du Vuide, & démontra la pesanteur de l'Air, la gloire en rejaillit sur les Académies d'Italie.

Dans les mélanges de l'Académie des Curieux, vous verriez au Microscope les Animaux, les Plantes, & les Minéraux couverts d'insectes imperceptibles à la simple vûë. Tantôt c'est une pierre enfermée dans une pierre, une Pomme dans une Pomme, un Fœtus dans un Fœtus, un Limon dans un Limon, un Citron dans un Citron (1) : Tantôt c'est la voix renduë aux muets, & l'ouïe aux Sourds par des opéra-

(1) Miscellanea curiosa Medico-Physica Academiæ naturæ curiosorum *tom.* 1. 1670. *p.* 112. 120 &c.

tions de l'Art ; ce font cent &
cent Obfervations curieufes ,
répanduës dans 36 ou 37. Volumes depuis 1670 (1).

Dans la Societé Royale d'Angleterre , on a vû Boyle perfectionner la Machine Pneumatique de Magdebourg , jufques à
faire regarder la Machine de
Magdebourg , comme la Ma-
chine de Boyle. On a vû Boyle
varier en mille maniéres les Phé-
noménes du reffort & de la pefanteur de l'Air ; Hook , découvrir au Microfcope, jufques dans
les objets infenfibles , mille
merveilles inconnuës(2); Neuton
féparer les Rayons de la Lumiére , les réünir , démêler les couleurs qu'ils portent féparés ou-

(1) Journal lit-
teraire de l'année
1732. p. 291.

(2) Par fa Mi-
crographie.

réünis, assortir les Rayons, en faire naître à son gré les diverses couleurs que nous voyons répanduës, ou qui nous paroissent répanduës sur les objets divers, &c. Vous verriez dans les Mémoires de la Societé, c'est-à-dire, dans 34. Volumes, in 4°. qu'elle a donnés au Public depuis 1665, jusqu'en 1732, sous le Titre de Transactions Philosophiques, à quel point elle a enrichi la Physique Nouvelle.

Mais, Ariste, vainement nous allons chercher dans les Académies étrangéres des preuves de leur usage dans le progrès de la Physique: n'en avons-nous point assez dans l'Académie des Sciences? Là, Mr. Hugens, qui dès l'année 1655, avoit découvert dans le Ciel le 4e. Satellite de Saturne, donne aux Horloges à Pendule leur plus haut degré de perfection. Mr Perrault démontre par les Observations & par les expériences les plus fines & les plus délicates, la circulation des sucs dans les Plantes. Mr du Clos fait l'Analyse des Eaux Minérales de France, pour y découvrir, & leur efficace, & le principe de leur efficace. Mr Pequet apperçoit le premier la route que le Chyle tient dans le Corps humain pour aller des veines lactées au Cœur. Mr Picard commençe à tirer une Méridienne au Nord de Paris, pour la mesure de la Terre; & Mr Cassini le Pere en tire une avec Mr Cassini le Fils depuis l'Observatoire de Paris jusqu'aux extrémités du Royaume vers le Midi, tandis que Mr de la Hire continuë celle de Mr Picard vers le Nord.

Tycho s'étoit apperçu que la réfraction des Rayons dans l'Atmofpére augmentoit la hauteur des Aftres : mais il crut que ce Phénomene n'arrivoit point au-deffus du 45e. degré de l'Atmof-phére. Mr Caſſini remarque le premier que la Réfraction aug-mente la hauteur des Aftres juf-qu'au Zénith , & après avoir dé-couvert par les taches fixes de Jupiter & de Mars , que ces Af-tres font leur révolution fur leur Axe, le premier en 9. heures 56. minutes, le fecond en 24. heures 40. min. Après avoir déterminé les Plans où fe meuvent les Satelli-tes de Jupiter, & fait des Tables qui nous annoncent leurs Eclip-fes , il fixe la parallaxe du Soleil à 10. Secondes , il augmente par là , pour ainfi dire , les vaftes efpaces des Cieux ; il va cher-

cher quatre nouveaux Aſtres autour de Saturne. Il voit une Comete (1) ; à peine l'a - t-il vûë ,
qu'il prédit en préſence d'un
grand Roi (2) , qu'elle tiendra
la même route , que celle de
1577 , & la Comete la ſuivra ,
cette route (3). Mr de la Hire
meſure les hauteurs des Montagnes avec le Barométre ; il
perfectionne le nivellement ; &
tandis qu'il embraſſe toute la Phyſique , il fait des Tables Aſtrono-
miques, auxquelles il aſſujettit en
quelque ſorte les Aſtres (4).

Mr Mariotte détermine les
Loix , du moins pluſieurs Loix
que la Nature ſuit dans le choc
des Corps , & l'uſage qu'elle en

(1) La Comete l'Acad.1712. p. 89.
de 1680. 94. &c.
 (2) Louis- (4) *Ibid.* 1718.
XIV. p. 79.
 (3) Hiſt. de

fait dans l'accroiſſement des Plantes , dans les Phénomenes de l'Air, dans les viciſſitudes du froid & du chaud, dans la varieté des Couleurs. Mr Lemery diſſipe le premier les ténébres naturelles & affectées de la Chymie ; il la réduit à des idées nettes & ſimples ; il bannit la barbarie inutile de ſon langage ; & tant par ſes leçons & par les expériences qu'il fait dans ſes leçons, que par ſon Livre traduit en Latin , en Allemand , en Anglois , en Eſpagnol & ſi ſouvent imprimé, il apprend la Chymie à toute l'Europe (1). Mr Maraldi ſuit conſtamment la Nature dans les Phénomenes qu'elle fait briller dans le Nord , ſur-tout depuis 1716 , tandis qu'il fixe la ſitua-

(1) Cours de mery.
Chymie par M. Le-

tion

tion, & pour ainsi dire, le nombre des Etoiles. Mr Tournefort facilite la connoissance des Plantes
en les réduisant à 846. espéces
dans ses élémens. Mr Tschirnhaus
imagine, & fait un miroir brû-
lant qui vitrifie en un instant
les Corps, l'Or même. Mr Hart-
soëker, qui vit le premier de
petits Insectes dans le Fluide qui
fait éclorre les Animaux, entreprend & fournit à l'Astronomie
un verre de 600. pieds de Foyer.
Avec le secours de l'Astronomie,
& des Observations faites dans
les Pays étrangers, soit par les
Missionnaires, soit par les Voya-
geurs, Mr. de Lisle rétablit dans
leur véritable situation & dans
leur grandeur véritable, les Villes, les Mers, les Pays, la Mé-
diterranée, l'Asie, l'Empire
Romain. Ptolemée reconnoî-
troit-il l'Empire Romain dans

les Cartes nouvelles ? les Académiciens vivants marchent sur les pas de ceux qui ne vivent plus que dans leurs écrits ; & l'Histoire de leurs recherches, & de leurs découvertes les met dans un tel jour que l'Historien (1) semble se les être rendus propres sans faire tort à personne, comme vous avez pû l'observer dans 31. ou 32 Volumes, qui ne vous sont pas inconnus.

Dirai-je qu'on trouve dans les Observations de l'Académie de Bologne, à quel point l'air peut se condenser, d'où viennent les différents lits & la situation des différents lits de la Terre, l'origine, la suite, les Remédes de la maladie du Pays, qui a quelque chose de singulier

____

(1) M. de Fontenelle.

chez les Suisses &c. (1)? Parlerai-je des Académies de Bourdeaux, de Montpellier, de Berlin, de Pétersbourg, &c; des prix proposés par quelques Académies pour piquer l'émulation des Physiciens ?

Nous voyons assez l'utilité des Académies récentes pour le progrés de la Physique. Au premier jour, nous verrons celles des Journaux. Je suis &c.

(1) Journal 1732. à la Haye.
littéraire de l'année tom. 19. p. 308.

VINGT-CINQUIE'ME LETTRE.

EUDOXE A ARISTE.

Ce que la Physique Nouvelle doit à l'institution des Journaux, ou des Mémoires Littéraires.

LEs Journaux, Ariste, ou les Mémoires Littéraires font des recueils réglés, & destinés à nous donner le précis des ouvrages de littérature, qui se font dans les Pays divers de l'Europe, des differtations, des démêlés de Sçavans, des Observations nouvelles, des découvertes, des pensées particuliéres, des annonces d'ouvrages nouveaux. Les Journaux, en un mot, font l'Histoire abregée des Arts & des Sciences.

En 1665, Mr de Sallo Conseiller au Parlement de Paris, Homme d'esprit, & zelé pour la gloire des Sciences & des beaux Arts, conçut le dessein d'un Journal Universel, qui devoit embrasser tous les genres de Littérature (1). Le dessein étoit utile, intéressant, beau. L'Auteur l'exécuta le premier sous le titre de Journal des Sçavans, & sous le nom du Sieur de Hedouville (2). Mais Mr. de Sallo ne continua pas long temps son ouvrage par lui-même (3). Dès l'an 1666, il en laissa le soin à Mr l'Abbé Gallois, qui remplit pendant plusieurs années avec succés le pénible emploi

(1) Journal des Sçavans 1665. 1676. F. 4. République des Lettres, Pré-face.

(2) Journal des Sçavans 1665.

(3) *Ibid.* 1676.

de Journaliste, donnant un petit Journal chaque Semaine (1).

Le succès du Journal François piqua les Italiens; & en 1668, l'Italie eut ses Ephémérides sçavantes, ses Journaux Littéraires (*Giornale de Letterati*) (2).

L'Allemagne ne fut pas insensible aux agrémens, au succès, à la gloire des Journaux de France & d'Italie; & quelques hommes de lettres de l'Electorat de Saxe s'étant réünis ensemble, commencérent en 1682, à donner les Actes des Sçavans, ou les Mémoires qui nous viennent encore de Leipsic (3).

Il eût eté surprenant que la République de Hollande, qui ne

(1) M. Gallois continua le Journal jusqu'à la fin de 1674. Alors M. de la Roque s'en chargea. *ibid.*

(2) *Acta eruditorum an. 1682. Lipsiæ. præf.*

(3) *Ibid.*

manquoit pas de gens habiles, &
où il se faisoit un commerce de
Livres si célébre , n'eût point
montré quelque émulation. L'année 1684 , vit commencer la
République des Lettres à Am-
sterdam (1) ; Ouvrage du fameux
Bayle. Que n'en est-il resté là !
Il n'eût pas offert à l'esprit tant
de richesses également touchan-
tes & funestes. Le *Journal Litté-*
raire de la Haye commença en
1713 , entrepris par plusieurs Auteurs , qui s'étoient attachés à
des Etudes différentes (2). Personne ne travailloit que sur les
Livres , qui étoient , pour ainsi
dire de son ressort , & les Extraits
ne s'imprimoient qu'après avoir
passé par un éxamen sévére des

(1) République | (2) Journal lit-
des Lettres. Mois | téraire. Année 1729.
de Mars 1684 , | *T.* 13. à la Haye ,
Pref. | *avertissement. p.* 1.

F f iiij

Journalistes assemblés.

Monseigneur le Duc du Maine ayant établi dans sa Souveraineté de Dombes une Imprimerie, il voulut qu'elle fût employée d'abord à donner au Public un état fidéle de ce qui paroîtroit de curieux dans le Monde, en tous genres de Sciences. Etoit-il rien de plus digne d'un Grand Prince, que de contribuer de la sorte à faire passer à la postérité le souvenir des ouvrages des Sçavans avec son nom ? De-là les Mémoires de Trevoux pour l'Histoire des Sciences & des beaux Arts. Vous le sçavez, Ariste, ces Mémoires commencés en 1701, (1) dediés à son Altesse Sénérenissime Monseigneur le Duc du Maine, & re-

(1) Mémoires de Trevoux 1701. Jan. Fev.

cueillis sous ses auspices, se font au Collége de Louïs le Grand.

On a vû paroître depuis, les Mémoires Littéraires de la Grande-Bretagne, pour apprendre aux Pays Etrangers ce qui se passoit particuliérement en Angleterre, en fait de littérature. Et l'année 1720, vit naître la Bibliothéque Germanique, ou l Histoire littéraire de l'Allemagne & des Pays du Nord, composée par quelques Sçavans de Berlin, & des Etats du Roi de Prusse, sous la direction de Mr l'Enfant (1),&c. Ces Mémoires récents sont formés, à peu-près, sur le modéle des premiers. Et telle est l'origine & l'institution des Journaux littéraires. Voyons-

(1) Journal des Jan. p. 43. Sçavans 1721. 20.

en l'ufage pour la perfection de
la Phyfique,

1. L'on fçait que les Journaux font entre les mains de la
plûpart des perfonnes éclairées,
& dont le jugement doit faire
quelque impreffion, qu'ils vont
par-tout, & qu'ils portent par-
tout avec eux les noms des Phyficiens diftingués par quelque
endroit. De-là, l'Emulation, qui
fait de nouvelles découvertes,
perfectionne les anciennes, &
s'étudie à mettre les unes & les
autres dans le jour qu'elles mé-
ritent.

2. On n'ignore pas que les
Journaliftes aiment la critique.
Ils ont beau nous protefter dans
leurs Préfaces, qu'ils ne feront
que les fidéles Hiftoriens de nos
écrits, & qu'ils fe borneront à
faire le précis de nos penfées :
ils ont bientôt oublié leur fer-

ment. Je ne fçai fi c'eft le plaifir fecret de juger, & de montrer qu'on eft en état de juger, qui le leur fait oublier : mais la plûpart critiquent fans façon, & loüent de même, felon leur goût. Les plus retenus ont leurs figures pour apprécier les chofes, & en faire fentir, fans le dire, le fort & le foible. Et la crainte d'une critique, ou la vûë d'une louange qui doit paffer à la poftérité, rend le Phyficien plus attentif, plus induftrieux dans fes recherches, & plus éxact à les expofer & à les développer.

3. Les Journaliftes éxempts de partialité, qui font bien aifes de fe faire lire, & qui fçavent que le Public veut être inftruit, frappé, piqué, ne manquent guére à nous donner dans leurs extraits ce qu'il y a dans un ouvrage, de plus propre à nous inftruire, à

nous frapper , à nous piquer. De
là , nous avons dans les Journaux
un précis de ce que les Livres
des Physiciens Modernes ont
de plus intéressant.

4. La Nature s'offre aux yeux
des Physiciens , sous différentes
faces ; & c'est une source intaris-
sable de conjectures différentes,
de guerres & de démêlés littéraires. Souvent ces démêlés ne demandent pas des Livres entiers;
mais quelques dissertations. D'ailleurs ces sortes de guerres se font
assez souvent de l'extrémité d'un
Royaume à l'autre, que dis-je? d'u-
ne extrémité de l'Europe à l'autre.
Comment se feroient-elles donc
sans le secours des Journaux ,
qui vont rapidement porter par-
tout les traits opposés qui partent
d'endroits si éloignés? Or, ces guerres, ces démêlés littéraires pro-
duisent mille éclaircissemens pro-

pres à dévoiler la vérité. Tels
font , dans les Journaux de Trévoux . les démêlés de Mrs Vol-
houfe , de S. Yve , Maître-Jean,
Hifter &c. fur la Cataracte.

5. Point de Pays , où l'on n'obferve de temps en temps quelques Phénomenes finguliers ;
point de contrées , où de temps en
temps l'on ne faffe des Obfervations nouvelles , foit de Méchanique , de Chymie , de Botanique , d'Anatomie , d'Optique ,
ou d'Aftronomie. Et c'eft par de
femblables Obfervations furtout
que la Phyfique fe perfectionne.
Or , combien d'Obfervations utiles feroient perduës pour la Phyfique , s'il n'y avoit point de
Journaux littéraires , pour les recueillir ! Telle Obfervation , qui
ne fuffiroit pas pour faire un
Livre , eft à fa place dans ces
Recueils publics. Telle Obferva-

tion curieuse se répand & porte la Lumiére par-là, qui se trouveroit comme isolée dans un gros Volume, & resteroit avec le Volume dans les ténébres.

Lisez les Mémoires de Trévoux : vous y verrez, par exemple, les démêlés dont nous avons parlé, sur ce qu'on appelle Cataracte. Les uns veulent que ce soit une cataracte membraneuse qui empêche les Rayons de pénétrer dans le Crystallin, ou une membrane opâque formée par l'épaississement de l'humeur aqueuse ; les autres, que ce soit le Crystallin-même épaissi. Quelques-uns prétendent, & la suite de la dispute le démontre, ce semble, que c'est tantôt une membrane opâque, tantôt le Crystallin obscurci. Quoiqu'il en soit, parmi les écrits qui regardent la Cataracte, & qui peuvent servir à éclaircir ce point de Physique, il y en a qui n'ont paru que dans les Journaux; il y en a d'autres qui ne font que des Brochures légéres, qui, hors des Journaux, feroient peu de chemin, & feroient bien-tôt diffipées ou perduës pour la Physique.

Si vous lifez le Journal des Sçavans, pour les années 1721. & 1722. vous y verrez plus de vingt écrits fur la Nature de la pefte, & fur la maniére de s'en préferver ou de la guérir. Plufieurs de ces écrits n'ont point vû le jour ailleurs ; plufieurs ne font que des feüilles volantes, qui, hors de là, ne fe conferveroient guére, & ne répandroient qu'une lumiére peu durable. Hé, où les trouveroit-on réünis, pour les comparer, & voir la lumiére qu'ils peuvent répandre dans la comparaifon ?

Nous devons à la Bibliothéque Germanique des observations, des expériences, des réflexions Physiques faites en Allemagne, en Suisse, en Pologne, en Suede, en Danemark. Les Mémoires de la Grande-Bretagne nous en apprennent que l'on a fait en Angleterre. Nous sçavons par les Journaux de Hollande ce qui passe dans la Hollande - même. Les Actes de Leipsic embrassent, comme les Journaux de Hollande, la plûpart des Contrées de l'Europe. En un mot, les Journaux littéraires sont, pour ainsi-dire, une Bibliothéque universelle & portative, où l'on peut voir d'un coup d'œil, & recüeillir ce que chaque pays produit de plus capable d'enrichir la Physique. Peut-être nos Entretiens Physiques suffiroient-ils pour faire comprendre, entrevoir

trevoir du moins, les richesses qu'elle pourroit en tirer.

Or, c'est-là, sans doute, un des appanages de la Physique Nouvelle, puisqu'avant l'année 1665. on ne connoissoit point les Journaux littéraires.

Enfin, Ariste, nous avons vû ce que la Physique Nouvelle a de commun avec l'Ancienne Physique ; le degré de perfection de la Physique Nouvelle sur l'Ancienne Physique ; comment la Physique Nouvelle est parvenuë à ce degré de perfection. Et voilà, ce me semble, Ariste, ce que nous nous étions proposés dans notre commerce de Lettres Philosophiques. Je n'ajoûterai donc qu'une chose, c'est que je suis, &c.

VINGT-SIXIE'ME LETTRE.

ARISTE A EUDOXE.

Ariste, après avoir fait un précis de l'Ouvrage, avouë qu'il a appris dans ce commerce Philosophique, à rendre justice & aux Physiciens & à la Physique, c'est-à-dire, à une science, qui de tout temps éleva l'esprit comme par degrés jusqu'à l'Auteur de la Nature.

LE spectacle de l'Univers, Eudoxe, eut toûjours de quoi frapper, & l'esprit fut toûjours curieux. Dès les siécles les plus reculés, les Phénomenes attirérent les regards des hommes; & l'on fit des observations. Apparemment l'étude de la Nature, la Physique, en un mot, est de tous les temps. L'Univers offre à nos Sens peu de choses surquoi les Anciens n'aient étendu leurs recherches. Est-il étonnant que la Physique Nouvelle ait tant de traits de la Physique Ancienne? mais tandis que les dehors de l'Univers se manifestent également aux yeux de tout le monde, l'accès dans l'intérieur & jusques dans les ressorts de la Nature, est difficile. On n'y pénétre que pas à pas. Les premiers Physiciens ont ouvert & frayé le chemin; il a fallu l'applanir & le continuer. Les Anciens ont été jusqu'à un certain point; ils y ont conduit ceux qui les suivoient. Ceux-ci en ont usé de même. Les uns étant éclairés par les autres, on a pénétré plus avant dans les secrets de la Nature. On s'apperçut, il y a long-temps, par exemple, que l'Air pefoit ; les Modernes ont trouvé dans la péfanteur de l'Air cent propriétés nouvelles, cent ufages nouveaux. Ainfi la Phyfique s'eft perfectionnée dans toutes fes parties. Mais par quels moyens eft-elle parvenuë à ce point de perfection ? 1. Par l'examen des conjectures anciennes fur la Nature. 2. Par l'étude de la Nature en elle-même. 3. Par la Méthode. 4. Par les obfervations, par les expériences, par les inftrumens nouveaux. 5. Par l'établiffement des Académies. 6. Par l'inftitution des Journaux. Tel eft à peu-près, Eudoxe, le précis de vos Lettres Philofophiques.

Devois-je me laiffer prévenir jufqu'à n'eftimer que les Phyficiens & la Phyfique Modernes ? d'autres devoient-ils fe laiffer prévenir jufqu'à ne montrer de l'ef-

time, que pour les Phyſiciens &
la Phyſique de l'Antiquité? La
vigueur de l'eſprit fut toûjours,
ce ſemble, à peu-près la même.
Tous les ſiécles, ou preſque
tous les ſiécles eurent des hommes curieux, laborieux, épris de
l'amour de la vérité. Les Anciens
devoient naturellement faire les
premiéres découvertes, les découvertes les plus aiſées, & en
faciliter d'autres : ils l'ont fait.
Il étoit naturel que les Modernes perfectionnaſſent les découvertes anciennes, & en fiſſent de
nouvelles, en marchant ſur les
traces des Anciens ; & ils l'ont
fait. Ceux-ci ont été plus loin
que ceux-là, mais à la lumiére
de ceux-là. Quand j'étois également prévenu pour les Modernes, & contre les Anciens (1),

______

(1) Lett. 1. pag. 7.

je ne rendois juſtice dans le fond ni aux uns, ni aux autres. Ils ſont, ce me ſemble, également eſtimables, à peu-près, quoique les Modernes ſoient plus éclairés ; parce que les Anciens avoient les lumiéres que l'on pouvoit avoir ſans le ſecours que les Modernes leur doivent. J'ai appris dans notre commerce Philoſophique à rendre juſtice & à la Phyſique & aux Phyſiciens. Auſſi, je compte vous aller revoir bientôt à Paris, & vous aſſûrer que je ſuis avec toute la reconnoiſſance dont je ſuis capable, &c.

Fin du troiſiéme & dernier Tome.

Tome III.   a

a ij

a iij

F

H

I

I

N

O

Tome III.   c

X

Fin de la Table du Troifiéme Tome.